走进大自然

节肢动物

陈　颖⊙编著

吉林出版集团股份有限公司

图书在版编目（CIP）数据

节肢动物 / 陈颖编著. -- 长春：吉林出版集团股份有限公司，2013.5
（走进大自然）
ISBN 978-7-5534-1674-8

Ⅰ．①节… Ⅱ．①陈… Ⅲ．①节肢动物－青年读物②节肢动物－少年读物 Ⅳ．
①Q959.22-49

中国版本图书馆CIP数据核字(2013)第073254号

节肢动物
JIEZHI DONGWU

编　著	陈　颖	
策　划	刘　野	
责任编辑	赵黎黎	
封面设计	贝　尔	
开　本	680mm×940mm　1/16	
字　数	100千	
印　张	8	
版　次	2013年7月第1版	
印　次	2018年5月第4次印刷	

出　版　吉林出版集团股份有限公司
发　行　吉林出版集团股份有限公司
地　址　长春市人民大街4646号
　　　　邮编：130021
电　话　总编办：0431-88029858
　　　　发行科：0431-88029836
邮　箱　SXWH00110@163.com
印　刷　山东海德彩色印刷有限公司

书　号　ISBN 978-7-5534-1674-8
定　价　25.80元

目　　录

Contents

节肢动物概说

　　节肢动物，又称为节足动物，是动物界中种类最多的一门。目前已知的节肢动物有120余万种，大约占动物界已知量的84％。节肢动物的身体比较特殊，由多数结构与功能各不相同的体节构成，一般可分为头部、胸部、腹部三部分；但有些种类头部和胸部愈合，分为头胸部和腹部；有些种类胸部与腹部未分化，身体分为头部和躯干部。节肢动物是两侧对称的无脊椎动物，体表被有坚厚的几丁质外骨骼，能定期脱落，起到保护作用的同时，还为肌肉提供附着面。绝大多数节肢动物是雌雄异体，有的营自由生活，有的营寄生生活。

　　节肢动物分布广泛，从深海到高山均有分布，有的甚至可以飞翔，是最先从水中登上陆地的动物类群，也是无脊椎动物中唯一真正适应陆地生活的动物。在我们日常生活中，比较常见的节肢动物有各种虾、蟹等水生的节肢动物，还有蜘蛛、蜈蚣、苍蝇等陆生的节肢动物。

豆娘

体　节

　　脊椎动物在胚胎发育的过程中沿身体前后轴形成一定数目的暂时性结构叫做体节，随着胚胎的继续发育，每个体节分化成为生骨节、生皮节和生肌节，继而生成各种组织。

几　丁　质

　　几丁质又称壳多糖、甲壳素，广泛存在于自然界中，主要来源于虾、蟹等甲壳类动物的外壳与软体动物的器官（例如乌贼的软骨）以及真菌类的细胞壁等。

雌雄异体

　　同种动物雌雄生殖器官分别生在不同个体内的现象叫做雌雄异体。水母、血吸虫和乌贼等都是雌雄异体动物，一般的脊椎动物都是雌雄异体动物。

螳螂捕蝉

无脊椎动物

　　无脊椎动物是背侧无脊柱的动物，其种类数占现存动物的90％以上。无脊椎动物在体型上差别较大，小至原生动物，大至软体动物门的大王乌贼，身长达10～13米。无脊椎动物的身体较柔软，没有坚硬的能附着肌肉的内骨骼，但常有坚硬的外骨骼用以附着肌肉及保护身体。无脊椎动物分布于世界各地，包括棘皮动物、软体动物、腔肠动物、节肢动物、海绵动物、线形动物等。无脊椎动物没有什么共同的特征，仅存在一点亲缘关系而已。

　　大多数无脊椎动物为水生，如钵水母、珊瑚虫、乌贼、有孔虫、放射虫及棘皮动物等，全部为海生，也有部分种类生活于淡水，如一些螺类、蚌类、水螅及淡水虾蟹等。少数无脊椎动物生活于潮湿的陆地，如蜗牛、鼠妇等，蜘蛛、多足类、昆虫则多数是陆生生活。大多数无脊椎动物自由生活，但也有不少寄生的种类，主要寄生于其他动物、植物体表或体内（如吸虫、绦虫、棘头虫等），有些种类甚至会给人类带来危害。

蝴蝶与蚂蚁

节肢动物

4

大王乌贼

大王乌贼是世界上第二大的无脊椎动物，身长达10～13米。大王乌贼主要生活在北大西洋和北太平洋的深海，以鱼类为食，能在漆黑的海底捕捉到猎物。

水　螅

水螅是多细胞无脊椎动物，一般很小，只有几毫米，需要在显微镜下研究。水螅身体包含无芽体、精巢，最常见的种类有褐水螅、绿水螅，多见于海中，少数种类生活于淡水。

棘　头　虫

棘头虫是棘头动物门的无脊椎动物，广泛分布于世界各地，约有600种。棘头虫的嘴上有钩，营寄生生活，成虫寄生在脊椎动物(通常为鱼类)体内，幼虫寄生在节肢动物(昆虫类、蛛形类、甲壳类)体内，被称为棘头蚴。

蟋蟀

节肢动物的分类

　　除已灭绝的三叶动物亚门外，传统上将现生的节肢动物根据有无触角分成两个亚门：有触角的叫有颚动物亚门，其第一对口后附肢是大颚，包括昆虫纲、甲壳动物、马陆、蜈蚣等；无触角的叫有螯动物亚门，因第一对口后附肢是取食用的螯肢而得名，胸部有单肢型步足，包括蜘蛛、蜱、螨、蝎等。但是现在大多数的动物学家认为，有颚动物亚门是人为的组合，其所包括的类群之间并没有真正的亲缘关系。因此，将节肢动物门分成5个亚门，即原始的原节肢亚门、已灭绝的三叶动物亚门、现存的螯肢动物亚门、甲壳动物亚门和单枝动物亚门。三叶动物亚门动物均生活在海洋中，表现出最原始的特征。甲壳动物亚门过去仅作为甲壳纲，因有大颚而被认为可能与多

足纲、昆虫纲同源，但甲壳动物具有两对触角且有其他各门所没有的无节幼体期，应为单独起源。而单枝动物亚门与上述起源于海洋的亚门不同，似乎由陆地动物演化而来，有触角和大颚，附肢基本上为单枝型，因而得名。

类　群

类群是指具有某些共同特性的动植物群体（多指同一物种中再细分的不同种类）。生态类群是指生态行为（对主要环境因素的反应）相似的生物种群组合。

亲缘关系

亲缘关系是指生物类群在系统发生上所显示的某种血缘关系，动物的亲缘关系就是动物的演化关系。基因中，G-C碱基对含量差异越大，亲缘关系越远。

螯　肢

螯肢是指颚体上的第一对附肢，由基节、端节和表皮内突构成，是动物的取食结构。多数动物的螯肢已经进化成为适于捕捉的钳状构造，有的在末端钩尖内面还具有毒腺开口。

蝗虫

藤　壶

纹藤壶

　　藤壶是甲壳纲藤壶科的动物，常附着在海边的岩石上。藤壶外形好像马的牙齿，有石灰质外壳，所以生活在海边的人们常叫它"马牙"。藤壶能够分泌一种胶质，使身体能牢牢的黏附在硬物上。它不但能附着在礁石上，而且还能附着在船体上，任凭风吹浪打也冲刷不掉它们。有时甚至在龙虾、螃蟹、鲸鱼、海龟、琥珀的体表，也会有藤壶附着。藤壶通常群栖于岩石相潮间带中潮区的上部，形成白色的"藤壶带"，尤其在内湾盐度较低、水质澄清的地方分布较多。藤壶是雌雄同体，但异体受精。由于藤壶固着不能行动，在生殖期间，只能靠能伸缩的细管将精子送入其他的藤壶中使卵受精。根据藤壶的外形特征，一般可将其分为两种：一种是圆锥形藤壶，外壳由复杂的石灰质所组成，看上去像座缩小的"火山"；另一种是鹅颈形藤壶，由一个不同长度、呈圆柱形的茎附着在硬物上。虽然藤壶有坚硬的外壳，但海中的海星、海螺及天上的海鸥都是其天敌。

纹 藤 壶

纹藤壶是我国北方常见种，外形如平截的圆锥体，壳两侧对称，有彩色条纹。纹藤壶生活力很强，生活在潮间带及潮下带，常成群附着于岩石和水下建筑物上。

高峰星藤壶

高峰星藤壶体型较大，外壳呈圆锥形或圆筒形，壳坚厚且表面光滑。高峰星藤壶壳口较大，背板狭长，顶端钩曲成喙状。

白脊藤壶

白脊藤壶外壳近圆锥形，壳口大，壳板厚，壳口上面有能活动的左右两对壳板。白脊藤壶常成群附着于海岸岩石或其他海产动物体外，在潮涨时触须前后摆动以滤食水中的微生物。

藤壶

寄 居 蟹

寄居蟹又称为白住房、干住屋，因常常吃掉贝壳等软体动物并把人家的壳占为己有而得名。全世界已知有近1000种寄居蟹，中国约有100种，多数为暖水种，黄海有少数冷水种。除少数种类外，寄居蟹一般体躯左右不对称，腹部较柔软，可卷曲于螺壳中，尾节也常不对称；有螯肢一对，具强壮的螯，为取食御敌用；腹肢退化，两侧多不对称，常常只存在于一侧。寄居蟹主要生活于黄海及南方海域的海岸边缘，一般生活在沙滩和海边的岩石缝隙里，在中国沿海较常见的品种有方腕寄居蟹和栉螯寄居蟹。以垂直分布来看，陆寄居蟹栖息于海滨湿地上，细螯寄居蟹仅栖息于高潮间带，硬壳寄居蟹分布于整个潮间带和浅亚潮带，真寄居蟹则主要分布于潮间带、浅亚潮带、浅海域。

寄居蟹主要以螺壳为寄体，平时背负着壳爬行，受到惊吓时会立即将身体缩入螺壳内，使敌人很难捉到它们，这也是一个很有效的避敌行为。随着时间的推移，蟹体逐渐长大，寄居蟹会寻找新的"房子"。

寄居蟹

皱纹寄居蟹

　　皱纹寄居蟹是典型的夜行性蟹类，通常在夜间进食，所以喂食的时间以傍晚为宜。皱纹寄居蟹可以算是宠物寄居蟹中与饲主互动性最高的一种，因此最受饲主欢迎。

草莓寄居蟹

　　草莓寄居蟹除了和一般蟹类一样需要脱皮之外，还需要换壳。草莓寄居蟹脱皮时通常会挖掘底沙把自己埋住，这时底沙需保持湿润，脱完皮的寄居蟹需要10天左右壳才会变硬。

凹足寄居蟹

　　凹足寄居蟹最引人注意的特点就是它们那一对鲜红色的触须。凹足寄居蟹的个性比较害羞，倾向于夜行性动物，经常躲入底材中，在夜间才出来觅食活动。

甲壳纲节肢动物

　　甲壳纲是节肢动物门中种数仅次于昆虫纲和蛛形纲的第三大纲。甲壳纲节肢动物种类较多，现分为8个亚纲：头甲亚纲（如头甲虫）、鳃足亚纲（如蚤状溞）、鳃尾亚纲（如鲺）、介形亚纲（如海萤）、唇甲亚纲（如长唇虫）、软甲亚纲（如沼虾、河蟹等）、桡足亚纲（如剑水蚤）、蔓足亚纲（如藤壶）。甲壳纲节肢动物绝大多数水生，用鳃呼吸，以海洋种类较多。甲壳纲节肢动物的头部和胸部愈合，所以身体分为头胸部和腹部，有两对触角。头胸部有着发达的甲壳，称头胸甲。低等种类身体多数都很细小，体节多，数目不定；高等种类体节少，数目恒定，20～21节，每节有1对附肢。多数甲壳纲节肢动物可供人类食用，如各种虾、蟹等；一些小型的甲壳动物还是经济鱼虾类的重要饵料，其数量的变化直接影响经济鱼类的生长和资源量，对渔业生产起着重要的作用；但甲壳动物中也

有一些有害种类，如寄生于鱼体的鱼蚤、鱼虱，危害海港建筑物与海底电线的蛀木水虱等。

蚤 状 溞

蚤状溞身体半透明，呈椭圆形，为黄棕色或淡绿色。蚤状溞生活于水潭、水坑、池塘、湖泊、水库中的敞水带，也生活于咸淡水中。蚤状溞分布广泛，在中国除广西、贵州、宁夏、黑龙江外等地，其他各省、区均有分布。

剑 水 蚤

剑水蚤头胸部为卵圆形，腹部细长，为浮游动物。剑水蚤在全球分布极为广泛，在各种不同类型的水域中都有它们的分布，如海洋、水库、湖泊、池塘、河流等水域。

鱼 蚤

鱼蚤泛指寄生在鱼体上的各科剑水蚤，常见的种类有：寄生在鲢鱼、鳙鱼鳃上的鲢中华鱼蚤，寄生在鲤鱼、鲫鱼鳃上的鲤中华鱼蚤，寄生在青鱼、草鱼鳃上的大中华鱼蚤。

珊瑚虾

梭子蟹

梭子蟹

　　梭子蟹为甲壳纲十足目梭子蟹科的节肢动物，俗称白蟹，是我国沿海的重要经济蟹类。因头胸甲呈梭子形，而胃、心区背面又有 3个显著疣状突，故而得名"梭子蟹"。梭子蟹头胸甲呈浅灰绿色，前鳃区有一圆形白斑；螯足发达，为紫红色，带有白色斑点；一部分或整个腹面为白色；有胸足5对，前3对步足长节和腕节呈白色，掌部为蓝白色，软毛呈棕色，指节呈紫蓝色或紫红色，第4对步足为绿色带白斑点，指端为紫蓝色。

　　梭子蟹多栖息于近岸水深 7~100米的软泥、砂泥底石下或水草中，有夜出觅食的习性，并有明显的趋光性。梭子蟹为杂食性动物，主要以鱼、虾、贝、藻等为食。梭子蟹常用前3对步足的指尖在海底缓慢地爬行，用第4对步足（游泳足）游动，或向侧前方前进，或向侧后方倒退。遇到敌人时，梭子蟹向上举起大螯用以自卫或攻击对方，或用游泳足末端的两节掘沙使身体潜入泥沙底部。

关 公 蟹

关公蟹属于甲壳纲关公蟹科动物，头胸甲赤褐色，背面有大疣状突和许多沟纹，形似旧时古戏中的关公脸谱，故而得名。关公蟹穴居于沿海泥沙中，种类较多，我国常见的有日本关公蟹等。

溪 蟹

溪蟹为杂食性动物，主要以鱼、虾、昆虫、螺类以及死烂腐臭的动物尸体为食。溪蟹主要分布于热带地区，大部分生活在山溪石下或溪岸两旁的水草丛和泥沙间，有些也穴居于河、湖、沟渠岸边的洞穴里。

招 潮 蟹

招潮蟹最大的特征是具有大小悬殊的一对螯，像是武士的盾牌，又常会做出舞动大螯的动作，因此被称为招潮蟹。招潮蟹还有一对火柴棒般突出的眼睛，非常特别。

熟螃蟹

水　蚤

　　水蚤是甲壳纲水蚤科的动物，因为其在短时间内能够大量繁殖，呈一片红色，故又称红虫。水蚤身体较小，呈卵圆形，左右侧扁，长仅1～3毫米。水蚤的头部伸出壳外，吻较明显。吻下的第1触角短小，不能活动；第2触角发达，有八九根刚毛。水蚤可以借触角上的刚毛拨动水流而向上、向前游动，触角上举时，身体则下沉，就好像是在水中跳跃。水蚤复眼大而明显，能够不断转动；腹部背侧有腹突3～4个，后腹部细长。水蚤是各种淡水水域中最常见的浮游动物，其营养丰富、容易消化，是鱼苗、鱼种的优良饵料。人们通常人工培育水蚤，以达到喂鱼成本低、鱼类生长快、增产效果好的目的。水蚤是一种桡足类动物，处于食物链的底端，以硅藻类水生物为食。在春季和夏季，一般仅能见到雌水蚤，其所产的卵称为"夏

卵"，较小，卵壳薄且卵黄少，不需要受精就可直接发育为成虫。当秋季到来时，由夏卵孵化出一部分体小的雄虫，开始进行两性生殖，所产的卵称为"冬卵"，冬卵较大，卵壳较厚且卵黄多。受精的冬卵又称"休眠卵"。

浮游动物

浮游动物是一类经常在水中浮游，本身不能制造有机物的异养型无脊椎动物和脊索动物幼体的总称，是在水中营浮游性生活的动物类群。

水蚤的营养价值

水蚤体内的脂肪含量与纬度有关，纬度越高，栖居在那里的水蚤体内脂肪含量就越多，体型也越大，如栖居于亚热带的水蚤体内脂肪含量只有14%，而北冰洋腹地的水蚤体内脂肪含量则高达74%。

鱼　虫

鱼虫既不是鱼，又不是昆虫，它是在淡水中生活的一类浮游动物。喜欢养鱼的人们，常常用鱼虫来饲喂小鱼，使鱼长得快、繁殖多。

蜘蛛

虾蛄

虾蛄

虾蛄又叫爬虾，俗称皮皮虾、虾耙子、琵琶虾、螳螂虾，属于甲壳动物亚门软甲纲口足目。虾蛄身体窄长呈筒状，略平扁，头胸甲仅覆盖头部和胸部的前四节，后四胸节外露并能活动。口位于腹面两个大颚之间，肛门开口于尾节腹面。胸部有五对附肢，其末端为锐钩状，以捕挟食物。虾蛄为雌雄异体动物，雄性胸部末节生有交接器。

虾蛄多穴居，喜栖于浅水泥沙或礁石裂缝内，中国南北沿海均有分布。虾蛄为肉食性动物，多捕食小型无脊椎动物。虾蛄肉质含水分较多，肉味鲜甜嫩滑、柔软，并且有一种特殊诱人的鲜味，为沿海群众喜爱的水产品。虾蛄营养丰富，蛋白质含量高达20%，还含有0.7%脂肪以及维生素、肌苷酸等人体所

需的营养成分。食用虾蛄的最佳月份为每年的4～6月，因为此时正是其产卵的季节，肉质最为饱满。

尖刺糙虾蛄

尖刺糙虾蛄体长达20厘米，甲壳前部狭窄，其侧角有棘，后侧缘呈圆角形。尖刺糙虾蛄主要栖息于水深50～360米的砂泥质海底。

肌　苷　酸

肌苷酸又叫次黄嘌呤核苷酸或次黄苷酸，英文简称IMP，是一种在核糖核酸（RNA）中发现的核苷酸。在酶的作用下，肌苷酸可以分解得到次黄嘌呤。

中华绒螯蟹

中华绒螯蟹又称河蟹、毛蟹、清水蟹，是一种经济蟹类，是中国传统的名贵水产品之一。其肉味道鲜美，所含营养丰富。

青　虾

　　青虾即日本沼虾，又称河虾、沼虾，是一种广泛分布于淡水水域的主要经济虾类。青虾体形粗短，整个身体由头胸部和腹部构成，头胸部粗大，腹前部较粗，后部逐渐变细而且狭小。青虾体表有坚硬的外壳，起着保护机体的作用。雄虾第2对步足特别强大，第6腹节的附肢演化为强大的尾扇，起着维持虾体平衡、升降及后退的作用。

　　青虾分布极广，在中国的江苏、上海、浙江、福建、江西、广东、湖南、湖北、四川、河北、河南、山东等地均有分布。青虾主要栖息于江河、湖泊、池塘、沟渠沿岸浅水区或水草丛生的缓流中，白天蛰伏在阴暗处，夜间活动，常在水底、水草及其他物体上攀缘爬行。光照是青虾生长育肥的重要因素，其成虾较惧怕光照，但幼虾则有较强的趋光性。其最适生长水温为18～30℃，当水温下降到4℃时进入越冬期，当水温升到10℃以上时活力加强，摄食活动也逐步增多。青虾营养丰富、味道鲜美，是一种深受人们喜爱的名贵水产品。

对虾

青虾食性

青虾属杂食性水产动物，适应性强，食性广，偏食动物性饲料，主要食物为浮游生物、植物碎屑、腐烂菜类、饭粒等。

瓷　　蟹

瓷蟹事实上并不是"真正的"蟹，而是一种通过进化逐渐变得像蟹的龙虾。瓷蟹与瓷器一样，非常美丽且易碎，在躲避天敌时经常会失去附肢，但是它们会很快长出新的附肢。

罗氏沼虾

罗氏沼虾亦称白脚虾、马来西亚大虾、金钱虾、万氏对虾等，素有"淡水虾王"之称，主要生活在各种类型的淡水或咸淡水水域，经加工可制成虾干、虾米等海产品。

蛛形纲节肢动物

蜘蛛

　　蛛形纲是节肢动物门的一纲，包括蜘蛛、蝎、蜱和螨等。蛛形纲的大部分动物都是有毒的，主要用于自卫和捕猎。蛛形纲动物不喜欢酷热，常隐蔽在石块或树叶下或营穴居生活，多在夜间出来活动。织网的蜘蛛角质层较厚，体型较大，色泽比较艳丽。隐蔽在石头、树叶下或洞穴中的蛛形纲动物角质层较薄，不能在热的环境中生活，也不能进行远距离旅行。多数蛛形纲动物为肉食性动物，其中有不少种类捕食害虫，在保持生态平衡上起着一定作用；蜱、螨是许多动植物的寄生虫；蝎和蜘蛛中的某些种类在医学上可作为药材。

　　蛛形纲动物按照地理分布，可分为4个类型：一是分布在两极的，如某些蜘蛛、盲蛛和螨类；二是分布在从热带到温带的，如伪蝎、螨、盲蛛和大多数蜘蛛目种类；三是连续分布在热带、亚热带的，如无鞭类、有鞭类、蝎、避日蛛以及蜘蛛目的捕鸟蛛；四是不连续分布在热带、亚热带的，如须脚类、节腹类、裂盾类和蜘蛛目的古蛛科。

伪　蝎

伪蝎又名拟蝎，体型较小，一般体长不超过8毫米。因其触肢非常发达、末端钳状、体形似蝎而得名。伪蝎生活在落叶层、土壤中、树皮和石块下以及某些哺乳动物巢内。

生态平衡

生态平衡是指在一定时间内生态系统中的生物和环境之间、生物各个种群之间，通过能量流动、物质循环和信息传递，使它们相互之间达到高度适应、协调和统一的状态。

避　日　蛛

避日蛛又称日蛛、风蝎、日蝎、驼蛛，属于蛛形纲避日目，有1100个种类。避日蛛主要生活在干热地区，因行动敏捷而被称为风蝎，因头部隆起又被称为驼蛛。

蜘蛛

蜘　　蛛

　　蜘蛛是蛛形纲蜘蛛目所有种的通称。除南极洲以外，蜘蛛在全世界均有分布。蜘蛛体长为1～60毫米，身体分为头胸部和腹部两部分，头胸部覆以背甲和胸板。头胸部有附肢6对，第1对、第2对属头部附肢，第1对为螯肢，基部膨大部分为螯节，端部尖细部分为螯牙，螯牙尖端有毒腺开口。第2对附肢称为脚须，形如步足，可以帮助其摄食。第3～6对附肢为步足，由7节组成，末端有爪，爪下还有硬毛，适于在光滑的物体上爬行。

　　蜘蛛无触角，无翅，无复眼，只有单眼。蜘蛛种类繁多，自然界中有4万多种蜘蛛。蜘蛛按其生活习性，大致可分为结网蜘蛛、游猎蜘蛛及洞穴蜘蛛三类。结网蜘蛛常在结网后守株待兔，等待猎物送上门；而游猎蜘蛛常会四处觅食；洞穴蜘蛛喜

欢躲在沙堆或洞里，在洞口结网，常被人们作为宠物饲养。蜘蛛主要以昆虫、其他蜘蛛、多足类动物为食，有些蜘蛛也会以小型动物为食。蜘蛛是许多农业、林业害虫的天敌，在生物防治中有着重要作用。

漏 斗 蛛

漏斗蛛是一种中到大型蜘蛛，身体多羽状毛，有长足，雌雄个体差别不显著，多数结漏斗网。漏斗蛛主要生活在植物的叶片中、房屋的角落里，还有岩石缝中。

圆 蛛

圆蛛是蜘蛛目圆蛛科（为分布广泛的一个大科）所有种类的通称，结圆形网，已知有2500多种。其中金圆蛛颜色鲜艳，多为黄色、黑色或红色，常见于多草地区。

狼 蛛

狼蛛属蜘蛛目的一科，背上长着像狼毫一样的毛，而且有4个眼睛，在昆虫界有"冷面杀手"的称号。有的狼蛛毒性很大，能毒死一只麻雀，大的狼蛛甚至可以毒死一个人。

棒络新妇蜘蛛

蝎　子

　　蝎子是节肢动物门蛛形纲动物，世界上的蝎子共有800余种，在我国主要有15种，如东亚钳蝎、斑蝎、藏蝎、辽克尔蝎等。我国以入药的东亚钳蝎数量最多、分布最广，遍布我国十多个省，其中以陕西、湖北、河北、河南、山西、山东等省分布较多。成年的蝎子外形如同琵琶，身体表面覆盖着几丁质的硬皮，体长5～6厘米，身体分节明显，由头胸部及腹部组成，身体为黄褐色，腹面及附肢颜色较淡。

　　蝎子昼伏夜出，害怕强光刺激，喜欢阴暗的地方，喜潮怕湿。蝎子为群居动物，有识窝和认群的习性，若不是同窝蝎子，相遇后往往会相互残杀。

　　蝎子还有冬眠的习性，11月上旬便开始慢慢入蛰冬眠，在翌年4月中下旬以后出蛰，全年冬眠的时间有6个月左右。蝎子多在日落后晚8～11时出来活动，翌日凌晨2～3时回窝栖息。蝎子为卵胎生，受精卵在母体内完成胚胎发育。蝎子的活动、生长发育和繁殖与温度密切相关，最佳温度在35～38℃之间。

蝎子标本

东亚钳蝎

　　成年的东亚钳蝎体长为6厘米左右，具中眼1对，侧眼3对，栉状器有齿16～25枚。东亚钳蝎广泛分布于我国北部各省(但吉林省目前尚未发现)。此外，在江苏、福建、台湾等省也有分布。

斑　　蝎

　　斑蝎身体细长，尤其是后腹部尾节特别细长。成年雄蝎体长5厘米左右，雌蝎体长可达7厘米，主要分布在我国台湾省。

辽克尔蝎

　　成年的辽克尔蝎体长为4厘米左右，有侧眼3对，栉状器有齿5～8枚(通常以有齿6枚者较多见)，主要分布于我国中部各省和台湾省。

蝎子

昆虫纲节肢动物

小豆娘

昆虫纲是节肢动物门的一纲，是整个动物界种类和数量最多的一个纲。昆虫是世界上最繁盛的动物，已发现100多万种。昆虫纲动物的身体分为头、胸、腹三部分，头部具触角1对；胸部有3节，每节有足1对；中胸和后胸节有翅各1对。腹部除末端数节外，附肢多退化或无附肢。昆虫的分布范围很广，除海洋外，凡有植物生长的地域都有昆虫。昆虫有强大的飞翔能力，别看它们的身躯较小，就连赤道和两极都有它们的踪迹。

在生态圈中，昆虫扮演着很重要的角色，如蜜蜂帮助虫媒花传播花粉，可使植物增产；同时一些昆虫产品还可以被利用，如蚕丝、蜂蜜、蜂蜡、蜂胶、白蜡等，都是人们喜欢的产品或食品。但也有一部分昆虫是人类的害虫，如蝗虫是庄稼的杀手，蚊子是疾病的传播者。很多昆虫都具有保护色，不但可以将自己隐藏起来，避免被敌害发现，有时它们还依靠身上漂亮的彩衣来吸引异性，繁衍后代。

虫 媒 花

靠昆虫为媒介进行传粉的方式称虫媒，借助这类方式传粉的花，称为虫媒花。多数有花植物是依靠昆虫传粉的，常见的传粉昆虫有蜂类、蛾类、蝇类、蝶类等。

蜂 蜡

蜂蜡是工蜂腹部下面4对蜡腺分泌的物质，主要成分有酸类、游离脂肪酸、游离脂肪醇和碳水化合物等。蜂蜡在工农业生产上具有广泛的用途。

蜂 胶

蜂胶是蜜蜂从植物芽孢或树干上采集的树脂（树胶），混入其上腭腺、蜡腺的分泌物加工而成的一种具有芳香气味的胶状固体物，主要用以堵塞蜂巢缝隙。

蝴蝶

星 天 牛

星天牛

　　星天牛体形壮硕，体色为亮黑色，每个鞘翅有多个白点，白点大小因个体差异而不同。星天牛体长约5厘米，头宽约2厘米，触角呈丝状，黑白相间，长约10厘米。星天牛在国内主要分布于辽宁以南、甘肃以东各省；在国外主要分布于日本、朝鲜、缅甸。

　　雌雄星天牛可多次交尾，雌星天牛在树干下部或主侧枝下部产卵。星天牛产卵前先在树皮上咬深约2毫米、长约8毫米的"T"形或"人"形刻槽，再将产卵管插入刻槽一边的树皮夹缝中产卵，一般每一刻槽仅产1粒卵，产卵后分泌一种胶状物质封口。每一雌虫一生可产卵23～32粒，最多可达71粒。星天牛的卵呈长椭圆形，长约6毫米，宽约2毫米，初产时白色，以后渐变为浅黄白色。星天牛卵期为9～15天，大约于6月中旬孵化。幼虫体长38～60毫米，为乳白色至淡黄色；头部褐色，呈长方形，单眼1对。蛹为纺锤形，长约4厘米，初期呈淡黄色，羽化前各部分逐渐变为黄褐色至黑色。

松　天　牛

　　松天牛幼虫蛀食树干，松树一旦感染此病，基本上无法挽救。松天牛主要为害马尾松，其次为害冷杉、雪松、落叶松、刺柏等。

光肩星天牛

　　光肩星天牛为黑色，带有光泽，幼虫蛀食树干，是重要的林业害虫，每年造成大量木材的损失，危害轻的能降低木材质量，严重的能引起树木枯梢和风折。

木棉天牛

　　木棉天牛是我国天牛中最美丽的一种，体背面为橄榄绿色，有时绿中带蓝色，腹面底色为紫黑色，腹面的朱红色绒毛极为显著。

星天牛

蚱蜢

蚱蜢是蚱蜢亚科昆虫的统称，身体多数为绿色或黄褐色，背面有淡红色纵条纹。蚱蜢体长8～10厘米，头尖，呈圆锥形；触角短，基部有明显的复眼；后足发达，善于跳跃，飞时可发出"札札"声；有咀嚼式口器，为害禾本科植物。世界上共有5000多种蚱蜢，大多数蚱蜢不仅能跳，而且能飞，但多数是用后足跳跃前进。蚱蜢飞行时，抬起前翼，拍打后翼。蚱蜢的后腿只适合于跳跃，在行走时两条腿显得很笨拙。

蚱蜢分布广泛，我国大部分地区均有分布。蚱蜢没有集群和迁移的习性，常生活在同一个地方，主要栖息于草地、农田，活动于稻田、堤岸附近。蚱蜢成虫产卵于土层内，卵呈块状。蚱蜢为不完全变态发育，从卵孵化成若虫，以后经过羽化

就成为成虫，不经过蛹的阶段。卵在土中越冬，翌年初夏由卵孵化为若虫，若虫没有翅膀，其形状和生活方式与成虫相似。蚱蜢一般在每年7～8月间羽化为成虫。

飞　蝗

飞蝗体长约5厘米，体色为黄褐色，复眼为棕色，有单眼3个，触角丝状，为咀嚼式口器。飞蝗在中国有3个亚种，即东亚飞蝗、亚洲飞蝗和西藏飞蝗。

中华稻蝗

中华稻蝗身体长3～4厘米，体色为黄绿色或绿色，复眼灰色，触角丝状，主要为害水稻、玉米、高粱、麦类、甘蔗和豆类等多种农作物。

竹　蝗

竹蝗为网翅蝗科直翅目动物，中型蝗虫，体长3.5厘米，体黄绿色，触角黑色，端部色淡。竹蝗是常见的竹类害虫，主要分布于西南地区。

蚱蜢

家　蚕

蚕宝宝

　　家蚕又称桑蚕，简称蚕，是一种具有很高经济价值的吐丝昆虫。蚕是完全变态昆虫，一生需经过卵、幼虫、蛹、成虫等4个形态和生理机能完全不同的发育阶段。卵呈椭圆形，略扁平，一端稍钝，另一端稍尖，尖端有卵孔，为受精孔道。卵粒大小因蚕的品种、饲养条件及蛹期温度而异。卵壳表面有凹凸不平呈多角形的卵纹，还有无数的针状呼吸气孔。卵的内容物有卵黄膜、浆膜、卵黄和胚胎等。刚孵化的幼虫遍体着生黑褐色刚毛，体躯细小似蚂蚁，称蚁蚕。蚁蚕借摄食桑叶而迅速蜕皮、长大，经4次眠和蜕皮，每蜕皮1次递增1龄，体色逐渐转成青白，至前半身呈透明时，称熟蚕，这时开始吐丝结茧。熟蚕吐丝毕，成蛹，刚蜕皮的蛹为乳白色，逐渐转为褐色。蛹分为头、胸、腹三个部分，羽化后成蛾。

　　蚕属寡食性昆虫，主要以桑叶为食料，也吃柘叶、榆叶、鸦葱、蒲公英和莴苣叶等。茧可缫丝，吐丝结茧是桑蚕适应环境而生存的一种本能。

蚕的起源

　　蚕起源于中国，是中国古代最主要的经济昆虫之一。中国是最早利用蚕丝的国家。古史上有嫘祖"教民养蚕"的传说。

蚕的用途

　　丝是珍贵的纺织原料，主要用于织绸，是优良的纺织原料，在军工、交电等方面也有广泛用途。蚕丝与大麻、苎麻、棉花为中国人主要的衣着原料，蚕桑成为中国农业结构的重要组成部分。

嫘　　祖

　　嫘祖传为西陵氏之女，是传说中的北方部落首领黄帝轩辕氏的元妃。《史记》中提到黄帝娶西陵氏之女嫘祖为妻，她发明了养蚕，为"嫘祖始蚕"。

节肢动物迁飞

一些昆虫在其生活史的特定阶段，成群而有规律地从一田块或地区向另一田块或地区集中或分散，以保证其生活史的延续和物种的繁衍，这种昆虫成群的有明显出发点或去向的活动，被称为迁飞和扩散。迁飞和扩散是昆虫的生物学特性，是一种遗传本能。扩散是昆虫在个体发育中日常的小范围的分散或集中。迁飞是指某些昆虫的成虫在某一时期内，从虫源地区成群的远距离地迁移到另一地区繁殖为害，从而造成迁入地区严重的虫灾。

按照昆虫迁飞的特点，大致可以将迁飞的昆虫分为以下

几类：黏虫、草地螟、稻纵卷叶螟、稻褐飞虱、白背飞虱等无固定繁育基地，连续几代迁飞，大多数迁飞昆虫属于此类型；大多数飞蝗属于有固定繁育基地的迁飞；还有一些昆虫的成虫寿命较长，可从发生分布地区迁向越冬地区，在那里度过滞育阶段，滞育结束后又迁回到原来的地方产卵、繁殖。

蝗虫

稻褐飞虱

稻褐飞虱为同翅目飞虱科的一种昆虫，成虫体长4～5毫米，身体为黄褐色至黑褐色。稻褐飞虱分布于中国的广大地区，成虫对嫩绿水稻趋性明显。

白背飞虱

白背飞虱的成虫分为长翅型和短翅型两种，成虫具趋光性、趋嫩性，生长嫩绿的稻田易诱成虫产卵为害。白背飞虱多将卵产于水稻叶鞘肥厚部分的组织中。

孔雀蛱蝶

孔雀蛱蝶翅膀表面为橙色，腹面为淡褐色，上、下翅有一大一小两枚眼纹。孔雀蛱蝶展翅宽5～6厘米，触角呈棒状，端部为灰黄色，雌雄无明显差异。

龟纹瓢虫

中国主要的迁飞害虫

蝗虫

　　稻纵卷叶螟成虫长7~9毫米，呈淡黄褐色；前翅有两条褐色横线，两线间有1条短线，外缘有暗褐色宽带；后翅有两条横线，外缘也有宽带。稻纵卷叶螟低龄幼虫为绿色，后转为黄绿色，成熟幼虫呈橘红色。稻纵卷叶螟成虫有趋光性，喜荫蔽和潮湿的作物田，喜吸食花蜜，且能长距离迁飞。

　　草地螟又名黄绿条螟、甜菜网螟，主要为害甜菜、大豆、向日葵、马铃薯、麻类、蔬菜等多种作物。草地螟在中国主要分布于东北、西北、华北一带。草地螟成虫体长为8~10毫米，前翅为灰褐色，外缘有淡黄色条纹，翅中央近前缘有一深黄色斑，顶角内侧前缘有不明显的三角形浅黄色小斑；后翅为浅灰黄色，有两条与外缘平行的波状纹。草地螟的幼虫共分5龄，1龄幼虫为淡绿色，体背有许多暗褐色纹；3龄幼虫为灰绿色，体侧有淡色纵带，周身有毛瘤；5龄幼虫多为灰黑色，两侧有鲜黄色线条。

趋 光 性

趋光性就是生物对光刺激的趋向性。在植物界，具有叶绿体的游走性植物中常可发现。动物界也有趋光性，在没有感受器分化的动物如草履虫身上有所体现。

草地螟防治策略

草地螟的防治是以药剂防治幼虫为主，结合除草灭卵、挖防虫沟或打药带阻隔幼虫迁移。应急防治区应以药剂普治3龄幼虫为主。

曙 凤 蝶

曙凤蝶体背为黑色，两侧及腹面有红色绒毛。雄蝶翅膀正面黑亮，有丝绒的质感，后翅背面下半部有曙红色大斑。雌蝶较雄蝶略大，翅膀正面黑底带些褐色，后翅背面下半部的红色较浅。

蝗虫　39

滞　育

　　昆虫和其他节肢动物在个体发育过程中或繁殖期所出现的静止状态，可分为休眠和滞育两大类。滞育是动物受环境条件的诱导所产生的一种静止状态，其常发生在一定的发育阶段，比较稳定，不仅表现为形态发育的停顿和生理活动的降低，而且一经开始就必须度过一定的阶段或经某种生理变化后才能结束。

　　滞育可以发生于昆虫的不同发育阶段：有的发生于胚胎发育的早期，如家蚕；有的发生于胚胎发育已完成的阶段，如舞毒蛾；有的发生于幼虫的某一龄期，如松毛虫；有的发生于蛹期，如柞蚕；有的发生于成虫期，如七星瓢虫。

　　昆虫滞育在生理上主要表现为生长发育停顿，呼吸率降

红脊长蝽

低，虫体含水量下降，脂肪含量增高，某些酶系活性降低，抗寒性和抗药性增加。有些昆虫的幼虫滞育或成虫滞育在行为上呈现出各自的特点，如滞育前寻找隐藏的场所，滞育期间趋光性不同等。

松 毛 虫

松毛虫又名毛虫、火毛虫，成虫为大中型蛾子。雄蛾触角近乎羽状，雌蛾呈短栉状。松毛虫每年发生的世代，因种类和气候条件不同而有很大差异。

舞 毒 蛾

舞毒蛾的幼虫主要为害叶片，几周内就可把树的叶子吃光。舞毒蛾的防治方法有烟剂防治、人工采集幼虫法、人工采集卵块法、性引诱剂诱杀及灯光诱杀等。

柞 蚕

柞蚕是一种吐丝昆虫，茧可缫丝，主要用于织造柞丝绸，因喜食柞树叶而得名。中国是最早利用柞蚕和放养柞蚕的国家。

螳螂

节肢动物的危害

节肢动物对人体的危害有许多，主要分为直接危害和间接危害。

一些节肢动物以吸食动物或人类的血液为生，如蚊、白蛉、蠓、蚋、虻、蚤、臭虫、虱、蜱、螨等，它们严重影响人类的工作和睡眠。科学数据显示：臭虫一生可吸人血163次，非洲的一些地区婴儿贫血就与臭虫吸血有关。某些节肢动物还具有毒腺、毒毛，或者体液有毒，蜇刺时分泌毒液注入人体而使人受害。节肢动物的唾液、分泌物、排泄物和皮壳等还可引起人体过敏反应，如尘螨引起的哮喘、鼻炎等。

某些节肢动物可携带病原体传播疾病，人们称其为病媒节肢动物。由节肢动物传播的疾病称为虫媒病，这种病的种类很多，其病原体有病毒、立克次体、细菌、螺旋体、原虫、蠕虫等。人们生活中常见的苍蝇，它可传播痢疾、伤寒、霍乱等疾病，所以我们要讲究卫生，养成良好的生活习惯，积极消灭害虫。

麦长管蚜虫

螺　旋　体

螺旋体是细长、柔软、弯曲呈螺旋状的运动活泼的单细胞原核生物，具有细菌细胞的所有内部结构，全长3～500微米。在生物学上的位置介于细菌与原虫之间，螺旋体广泛分布在自然界和动物体内。

南美大闪蝶

南美大闪蝶翅膀呈鲜艳的蓝色，是一种色彩斑斓的蛱蝶，会快速拍动翅膀来吓退掠食者。其以发霉果实的汁液为食，主要分布在墨西哥、中美洲、南美洲北部、巴拉圭及特立尼达。

霍　乱

霍乱是一种烈性肠道传染病，与鼠疫同为甲类传染病，由霍乱弧菌污染水和食物而引起传播。临床上以起病急骤、剧烈泻吐、排泄大量米泔水样肠内容物、脱水、肌痉挛、少尿和无尿为特征。

星天牛

蜱

蜱

蜱属于寄螨目蜱总科动物，也叫壁虱，俗称牛虱、隐翅虫、草蜱虫。在躯体背面有壳质化较强盾板的为硬蜱，属硬蜱科；无盾板者为软蜱，属软蜱科。全世界现已发现800余种蜱，其中硬蜱科700多种，软蜱科约150种，纳蜱科1种。蜱虫体呈椭圆形，背面稍隆起，成虫体长2～10毫米，表皮革质，背面或具壳质化盾板。蜱的身体分为颚体和躯体两个部分，颚体也称假头，位于身体的前端，由颚基、螯肢、口下板及须肢组成；躯体呈袋状，大多为褐色，两侧对称。蜱腹面有足4对，每足有基节、转节、股节、胫节、后跗节和跗节，基节上通常有距。蜱的发育过程分为卵、幼虫、若虫和成虫4个时期。

蜱通常蛰伏在浅山丘陵的草丛、植物上，或寄宿于牲畜等动物皮毛间，不同蜱种的分布与气候、地势、土壤、植被和宿主等有关。蜱不吸血时干瘪，如绿豆般大小；吸饱血液后，有如饱满的黄豆。蜱是许多种脊椎动物体表的暂时性寄生虫，也是一些人畜共患病的传播媒介。

草原革蜱

　　草原革蜱是典型的草原种类，多栖息于干旱的半荒漠草原地带。其盾板有珐琅样斑，有眼和缘垛，须肢宽短，颚基为矩形，足转节的背距短且圆钝。

蜱传播的疾病

　　蜱传播的疾病主要有俄罗斯春夏脑炎（森林脑炎）、克里米亚—刚果出血热（新疆出血热）、莱姆病、蜱媒回归热（地方性回归热）、人埃立克体病等。

人畜共患病

　　人畜共患病是指在脊椎动物与人类之间自然传播的、由共同的病原体引起的、流行病学上又有关联的一类疾病。

麻皮蝽

45

螨

瓢虫

　　螨属于蛛形纲螨亚纲动物，全世界已知的螨约有5万种。多数螨身体柔软，肉眼刚能看见，躯体呈袋状，很少保留分节，躯体前方的螯肢呈螯钳状或刺针状。螨类生长发育分为卵、幼虫、若虫、成虫4个时期。大多数螨营自由生活，杂食性，常以其他螨类、小型昆虫和腐烂有机物等为食。只有少数螨类寄生在植物或动物体上刺吸液汁或血液，或寄生在动物的体内外。

　　螨对人类的危害十分严重，其寄生在人体内或体外而引起疾病，如疥疮和蠕螨症，疥螨可通过人与人之间的直接接触而传播，或通过衣、被、床、椅等间接接触传染；螨通过螯刺、吸血，还可以引起皮炎；螨也是传播疾病的媒介，如恙螨幼虫将恙虫病从鼠体传给人，某些革螨还能在野生动物与人之间传播人畜共患病，并长期保存疫源；尘螨的代谢产物是强烈的过敏原，可使过敏素质者出现变态反应，如引起过敏性哮喘、过敏性鼻炎等。经常保持房屋通风、干燥、清洁，可减少尘螨滋生，打扫卫生时最好使用吸尘器。

粉　　螨

粉螨体小且柔软，呈乳白色，易随尘埃飞扬在空中。粉螨可引起过敏反应，出现皮炎。皮炎多见于暴露部位，患处常出现红斑并混杂有小丘疱疹和脓疱。

尘　　螨

最常见的尘螨有户尘螨、粉尘螨、迈内氏欧尘螨。尘螨多藏于旧被褥、旧枕芯中各种动植物纤维、灰尘、粉末性的食品中。尘螨不咬人，只是嗜食人的皮屑或曲粉等。

革　　螨

革螨又称腐食螨、虫穴蜱，属于寄生满月革螨总科，可通过叮咬人的皮肤吸血，引起皮炎和瘙痒。其种类较多，有重要医学意义的种类有柏氏禽刺螨、鸡皮刺螨、格氏血厉螨等。

丽象蜡蝉

走进大自然
ZOU JIN DA ZI RAN

吉丁虫

　　吉丁虫又叫爆皮虫、锈皮虫，是鞘翅目吉丁科的一种动物。吉丁虫的成虫咬食叶片造成缺刻，幼虫蛀食枝干的皮层，使被害处流胶，为害严重时树皮爆裂，故名"爆皮虫"。吉丁虫甚至可造成整株树木枯死。吉丁虫的幼虫体长而扁，呈乳白色，大多蛀食树木，也有潜食于树叶中的。吉丁虫是一种极为美丽的甲虫，一般体表具多种金属色泽，如蓝色、铜绿色、绿色或黑色，色彩绚丽。吉丁虫成虫的大小、形状因种类而异，大的超过8厘米，小的还不足1厘米。有些种类的吉丁虫的艳丽色彩常被黑色鞘翅遮住，只在飞行时或从腹面才能看到。吉丁虫停止飞行时，就变成树枝上的一个暗黑色的隆起，原本追捕它的猎捕者可能因此辨认不出。

　　吉丁虫头较小，触角短，足短，腹部趋尖。吉丁虫中的多数种类主要分布于热带区，其中大琉璃吉丁虫为世界最大的吉丁虫，主要分布于印度、爪哇等地。南美大吉丁虫为南美洲最大型的吉丁虫。

蝴蝶

十斑吉丁虫

十斑吉丁虫触角呈锯齿状，鞘翅为褐色。其幼虫在杨树、柳树树干的皮下或木质部蛀食为害，导致树木长势衰弱，严重时枯死或风折，失去经济价值。

金缘吉丁虫

金缘吉丁虫俗名串皮虫，中国各地区均有发生，长江流域一带尤为严重。幼虫在梨树枝干皮层内纵横蛀食，破坏输导组织，常造成枝干枯死，甚至全树死亡。

六星吉丁虫

六星吉丁虫主要为害梅花、樱花、桃花、海棠、无角枫等植物。幼虫蛀食皮层及木质部，严重时可造成整株枯死。

竹　蜂

胡蜂

　　竹蜂又叫乌蜂、熊蜂、象蜂、竹蜜蜂、竹筒蜂，体形钝圆肥大，长2厘米多；全身呈黑色，密生有柔软的黑绒毛，触角稍弯曲，具复眼1对；胸部背面密生黄毛，具足3对，呈黑色；翅呈紫蓝色，基部色泽较深，翅端较淡，全翅闪现金色的光辉。

　　竹蜂主要分布在我国南方各地，常栖息于竹类的茎秆中，并将唾液与钻木的竹木屑混合制成隔板。竹蜂将巢穴间隔成若干格，每格贮花粉与蜜的混合物，并产卵于其中。竹蜂的幼虫叫做竹蛆，寄生在竹筒内，是一种为害竹林的害虫。竹蛆形状似虫草，乳白色，外表肥肥白白，长约3厘米，呈纺锤形。竹蛆靠吸食竹内壁的肉质和水分生长，从竹尖逐节往下吃，啃食嫩笋，吸收养分，20天内从米粒大小长到手指头大小。竹子一旦被竹蛆危害，嫩竹即不能生长成材。竹蛆也是西双版纳基诺族的美食，它富含蛋白质、氨基酸、脂肪酸、矿物质元素、维生素等营养成分。竹蛆经油炒或油炸后食用，美味甘香，似有奶油的味道，是伴酒的首选。

基 诺 族

基诺族是一个古老的民族，中国少数民族之一，主要分布在云南省西双版纳傣族自治州景洪县基诺乡，其余散居于基诺乡四邻山区。基诺族主要从事农业，善于种茶。

镉黄迁粉蝶

镉黄迁粉蝶体色白色至黄色，略带黑色斑纹，前翅正面白色，前缘顶角与外缘有黑色带，后翅正面鲜黄色，翅脉端部有黑色斑纹，飞行速度缓慢。镉黄迁粉蝶为害黄槐等植物，是农业害虫。

脂 肪 酸

脂肪酸是指一端含有一个羧基的长的脂肪族碳氢链。低级的脂肪酸是无色液体，有刺激性气味，高级的脂肪酸是蜡状固体，无可明显嗅到的气味。

中国大虎头蜂

51

身边的节肢动物

蜻蜓

　　马陆又叫千足虫，属于节肢动物门多足纲动物。马陆的形态特征为体节两两愈合（双体节），除头节无足、头节后的3个体节每节有足一对外，其他体节每节有足2对，足的总数可多至200对；头节含触角、单眼，还有大、小腭各一对。用一细棍触碰马陆时，其并不咬噬，多将身体蜷曲，头卷在里面，外骨骼在外侧，呈"假死状态"，间隔一段时间后，复原活动。许多种马陆具侧腺，可以分泌一种刺激性的毒液或毒气以防御敌害。全世界约有1万种马陆，一般生活在草坪土表、土块下面，或土缝内，白天潜伏，晚间活动。

　　蚜虫俗称腻虫、蜜虫，主要分布在北半球温带地区和亚热带地区，热带地区分布很少。其中玉米蚜主要为害玉米、水稻及多种禾本科杂草。苗期以成蚜、若蚜群集在心叶中为害，抽穗后为害穗部，吸收汁液，妨碍玉米生长，还能传播多种禾本科谷类病毒。玉米蚜的天敌有异色瓢虫、龟纹瓢虫、食蚜蝇、草蛉、寄生蜂等。

马陆的食性

马陆喜欢阴湿的环境，是土壤动物中的常见类群，主要以凋落物、朽木等植物残体为食，是生态系统物质分解的最初加工者之一。有的马陆也为害植物，少数种类食腐肉。

草　　蛉

草蛉身体细长，长约1厘米，呈绿色。草蛉触角细长呈丝状，翅膀较宽阔并呈透明状，十分美丽。草蛉常飞翔于草木间，在树叶表面产卵。

食　蚜　蝇

食蚜蝇形似黄蜂或蜜蜂，体色常具黄、橙、灰白等鲜艳色彩的斑纹。食蚜蝇头部较大，雄性眼合生，雌性眼离生，也有两性均离生。食蚜蝇常在花中悬飞，但不蜇人。

蟋蟀

　　蟋蟀也称促织、趋织、蛐蛐儿，因鸣声悦耳而闻名。蟋蟀体长约2厘米，体色为黄褐色至黑褐色；头圆，胸宽，触角较细，呈丝状；咀嚼式口腔，有的大颚发达，强于咬斗；后足适于跳跃，跗节三节，腹部有两根细长的感觉附器（尾须）；前翅硬，为革质；后翅膜质，用于飞行。雄性蟋蟀好斗，善鸣。但是蟋蟀优美动听的歌声并不是出自它的好嗓子，而是通过前翅上的音锉与另一前翅上的一列齿互相摩擦而发声。雄性蟋蟀相互格斗是为了争夺食物、巩固自己的领地和占有雌性。据研究，蟋蟀是一种古老的昆虫，至今已有1.4亿年的历史。

　　蟋蟀的分布地域极广，几乎全国各地都有。蟋蟀喜穴居生活，主要栖息于地表、砖石下、土穴中、草丛间，常在夜间出来活动。蟋蟀为杂食性动物，主要以各种作物、树苗、菜果等为食，是农业害虫。蟋蟀生性孤僻，喜独立生活，只有在交配

时期雌雄蟋蟀才生活在一起。在北方，蟋蟀多于秋季产卵，若虫于次春孵出，蜕皮6～12次后成熟，成虫寿命一般为6～8周。

油 葫 芦

　　油葫芦又叫结缕黄、油壶鲁，因其全身油光锃亮，就像刚从油瓶中捞出似的，又因其鸣声好像油从葫芦里倾倒出来的声音，还因为它的成虫爱吃各种油脂植物，如花生、大豆、芝麻等，所以得名"油葫芦"。

花生大蟋

　　花生大蟋又名巨蟋、蟋蟀之王，因其体型较大，居于众多蟋蟀种类之首而得名。又因其为害花生等农作物而被称为"花生大蟋"。

斗 蟋 蟀

　　蟋蟀的某些行为可由特定的外部刺激所诱发。在斗蟋蟀时，如果以细软毛刺激雄蟋的口须，会鼓舞它冲向敌手，努力拼搏；如果触动它的尾毛，则会引起它的反感，它会用后足胫节向后猛踢，表示反抗。斗蟋蟀也成为一些人博斗赢输的工具。

蟋蟀

蜣 螂

蜣螂

　　蜣螂俗称屎壳郎，可将粪便变成球形，以动物粪便为食，有"自然界清道夫"的称号。蜣螂体长3厘米左右，身体为黑色或黑褐色，体表有坚硬的外骨骼，复眼发达，复眼间有一光亮无皱纹的狭带。蜣螂触角为鳃叶状，有咀嚼式口器，有3对足，2对翅。蜣螂的足适于开掘，前翅角质化，满布致密皱形刻纹，各方有7条易辨的纵线；后翅膜质，呈黄色或黄棕色。蜣螂有一定的趋光性，有夜间扑灯的习性，能利用月光偏振现象进行定位，以帮助取食。

　　蜣螂的发育方式为完全变态，生长发育需经过卵、幼虫、蛹和成虫4个时期。处于繁殖期的雌蜣螂会将粪球做成梨状，并在其中产卵。产卵后，雌雄共同推拽粪土将卵包裹成丸状。孵

出的幼虫以现成的粪球为食，直到发育为成体才破卵而出。蜣
螂主要栖息在牛粪堆、人粪堆中，或在粪堆下掘土穴居。世界
上有两万多种蜣螂，分布广泛，除南极洲外的任何一块大陆上
均有分布。

公羊嗡蜣螂

公羊嗡蜣螂体长近1厘米，身体呈椭圆形，体色为黑色或深棕褐
色，头部较阔，触角有9节，前胸背板呈弧形，缺少盾片。

中华广肩步行虫

中华广肩步行虫体长26～35毫米，全身黑色，背面幽暗但常闪
烁铜色光泽，腹面明亮，每鞘翅有4行金色粗刻点，最后一行靠近翅
缘。

金星步甲

金星步甲是鞘翅目
步甲科的一种昆虫，
在中国主要分布于黑
龙江、辽宁、内蒙古
自治区、宁夏回族自
治区、甘肃、河北、
山西、河南、山东、
江苏、安徽、浙江、
湖北、江西、福建、
四川、云南等地。

蜣螂

角 倍 蚜

　　角倍蚜是昆虫纲同翅目瘿绵蚜科的一种昆虫，主要分布于东亚地区，主产国是中国，日本、朝鲜较少。角倍蚜在中国以贵州、湖南、四川、湖北四省毗邻处为主产区，陕西、河南、云南、广西、江西、安徽、广东、福建、浙江等地均有分布。角倍蚜分为有翅个体和无翅个体两种，有翅个体长1.5毫米，无翅个体长约1.1毫米，全身为淡黄褐色至暗绿色。

　　角倍蚜的夏寄主为盐肤木，冬寄主为青苔。每年9～10月间，有翅个体由盐肤木飞迁到青苔上，以胎生方式生产幼蚜，在青苔的嫩茎或根际取食，分泌白色蜡丝，将身体包围成球状，以御寒冷。角倍蚜是医药、染料、制革、化工、石油、冶炼等工业的重要原料和试剂。角倍蚜寄生于盐肤木叶上的干燥

绣线菊蚜虫

虫瘿叫做五倍子，为菱角形、卵圆形或不规则的囊状物，有若
干个不规则的角状分枝或瘤状突起。

五 倍 子

五倍子质坚硬而脆，长约8厘米，直径约5厘米，表面为灰黄色或
黄棕色，布满灰白色的软滑绒毛。五倍子囊壁厚1～2毫米，囊内有多
数灰粉状蚜虫尸体及其蜡样分泌物。

盐 肤 木

盐肤木又叫五倍子树、山梧桐，为漆树科盐肤木属落叶小乔木。
盐肤木是中国主要经济树种，可供制药和作为工业染料的原料，皮
部、种子可榨油。

青 苔

青苔是水生苔藓类植物，翠绿色，常年生长在水中或陆地阴湿
处。青苔长于清流之下，不受污染，富含多种维生素、绿色素、叶黄
素和胡萝卜素，还含有人体所需的无机盐和微量元素。

节肢动物主要特征

蝗虫

节肢动物的主要特征有以下几点：

（1）外骨骼通过硬化作用和矿化作用由软变硬，并且有蜕皮现象。

（2）具有高效的呼吸器官——气管（主要存在于昆虫纲和多足纲）。

（3）具有了发达的链状神经系统，脑分化为前脑、中脑、后脑。

（4）体节既分化，又组合，从而增强了运动，提高了动物对环境条件的趋避能力。

（5）感觉器官灵敏，具有刚毛、触角等触觉器官，单眼、复眼等视觉器官。

（6）一般为雌雄异体，有性生殖。水生种类多为体外受精，陆生种类都为体内受精。

（7）消化系统一般分为前肠、中肠和后肠。

（8）排泄器官多样，包括触角腺（绿腺）、小颚腺、基节腺和马氏管等。

琉璃带凤蝶

琉璃带凤蝶为大型蝶种，翅表为黑色，布满金绿色鳞片。雄蝶前翅端稍尖，整体外观狭长，无任何明显花纹，亚外缘金绿色鳞片集中形成带状琉璃斑。

大黑星弄蝶

大黑星弄蝶为中型蝶种，成虫寿命为2～3个月，飞行迅速，不易被捕捉。其多在溪边附近飞行活动或停栖于潮湿地面吸食水分，有蜘蛛、螳螂、青蛙、鸟类、蜥蜴等捕食性天敌。

黄条褐弄蝶

黄条褐弄蝶为中小型蝶种，翅表底色为黑褐色，翅腹花纹特殊，各翅室有明显的黄色条状斑纹。黄条褐弄蝶喜欢吸食路旁常见的小型植物的花蜜，如蓟、咸丰草或马樱丹等植物的花蜜。

蜻蜓

节肢动物的触角

　　谈起昆虫头部两根像"天线"一样的触角，可谓形状各异，十分奇特。不同种类、性别的昆虫，触角的长短、粗细和形状也各不相同，例如蝉、飞虱和蜻蜓等动物的触角很短，呈刚毛状；蝗虫、蟋蟀等动物的触角除基部两节稍粗大外，鞭节由许多大小相似的小节连成细丝状；蜜蜂的触角柄节特长，梗节细小，鞭节各小节大小相似，并与柄节呈膝状曲折相接；螽斯的触角很长，呈线状；蛾的触角很短，呈羽状；雄蚊触角长有许多刚毛，呈毛丛状，而雌蚊则刚毛很少；露尾虫、郭公虫、皮囊的触角基部各节细长如竿，端部数节突然膨大似锤；蝇类的触角很短，鞭节仅1节，但异常膨大，其上生有刚毛状触角芒，芒上有时还有很多细毛。

　　触角是昆虫重要的感觉器官，主要有嗅觉和触觉作用，甚至有的还有听觉作用。人们常常见到昆虫上下左右不停地摆动

　中华短额负蝗

触角，好像两根天线或雷达时刻在接受电波和追踪目标，实际上触角确实可以帮助昆虫进行通讯联络、寻觅异性、寻找食物和选择产卵场所等活动。

虎纹捕鸟蛛

虎纹捕鸟蛛是一种负趋光性大型穴居、不耐寒的剧毒稀有动物。虎纹捕鸟蛛个体特大，一般长5～8厘米，全身呈棕色，背甲有花纹，主要分布在越南、缅甸以及中国广东、广西、云南、海南等地。

永泽蛇目蝶

永泽蛇目蝶为中型蝶种，前、后翅表底色为褐色，上翅具两枚眼纹，下翅具4枚眼纹。永泽蛇目蝶主要以树液、腐熟落果汁液等为食，冬季以幼虫越冬。

紫树食鸟蛛

紫树食鸟蛛因身体呈现出蓝紫色的金属光泽而得名，幼体是灰黑色，长至5厘米以上会显示出一些带有金属光泽的紫色。紫树食鸟蛛生性凶猛，敢于攻击比自己还大的猎物。

星天牛

63

蝴　　蝶

蝴蝶

　　蝶，通称为"蝴蝶"，是昆虫中的一类。蝴蝶一般色彩鲜艳，全身布满各种花斑，翅膀宽大，停歇时翅竖立于背上；头部有一对棒状或锤状的触角，触角端部各节加粗；口器是下口式；足是步行足；翅是鳞翅；体和翅被扁平的鳞状毛覆盖；腹部瘦长。蝴蝶的个体发育属于完全变态发育，分为卵期、幼虫期、蛹期和成虫4个阶段。蝶类的成虫主要吸食花蜜或腐败液体，而大多数种类的幼虫主要以杂草或野生植物为食，少部分种类的幼虫因取食农作物故为害虫，还有极少种类的幼虫因吃蚜虫而为益虫。蝶类在白天活动。

　　蝶类为了避害求存，大多数种类都具有警戒色或采用拟态，也有少数种类采取自卫的方式吓退外敌，如凤蝶幼虫在其前胸前缘背面中央，具有臭角一枚，当其受惊时，叉形臭角立即向外翻出，臭液挥发，恶臭难闻，使敌厌弃而免其害；又如红角大粉蝶的幼虫在受惊时，会抬起虫体的前五节，配合其腹面特有的斑纹，以酷似眼镜蛇的姿态恐吓外敌，藉以自卫。

蝶与蛾的相同之处

蝶与蛾的相同点是成虫体表及翅上被有鳞片，口器为虹吸式；幼虫大都是植食性，多为农业害虫；个体发育均经历卵期、幼虫期、蛹期、成虫4个阶段，为完全变态发育。

蝶与蛾的不同之处

蝴蝶在白天活动，色泽鲜艳或图纹醒目，触角呈棒状，休止时翅扣叠并与肯垂直，腹部为长条形。蛾在夜晚活动，触角呈羽毛状，休止时翅平展，腹部较蝶肥大。

蝴蝶的天敌

蝴蝶的天敌有蚂蚁、甲虫、鸟、蝇、蜥蜴、蛙、蟾蜍、螳螂、蜘蛛、黄蜂等，蚂蚁会攻击毫无防御能力的蝴蝶幼虫，螳螂、蜘蛛、蜥蜴、蛙、蟾蜍主要攻击蝴蝶成虫。

蝴蝶与鲜花

蜜　蜂

　　蜜蜂属膜翅目蜜蜂科，蜜蜂是指蜜蜂科所有会飞行的群居昆虫。蜜蜂体长8～20毫米，通身黄褐色或黑褐色，生有密毛；头与胸几乎同宽；嚼吸式口器，复眼呈椭圆形，后足为携粉足；腹部近椭圆形，体毛较胸部少，腹部末端有螯针；两对膜质翅，前翅大，后翅小。蜜蜂为完全变态昆虫，个体发育要经历卵期、幼虫期、蛹期和成虫期4个阶段。4个发育阶段在形态上完全不同，各有其特点。卵呈香蕉形，乳白色，卵膜略透明，卵内的胚胎经过3天发育为幼虫。幼虫呈白色蠕虫状，受精卵孵化的雌性幼虫因饲喂的食物不同而发育成工蜂和蜂王。蛹期主要是把内部器官加以改造和分化，形成成蜂的各种器官。刚出房的蜜蜂外骨骼较软，体表的绒毛十分柔嫩，体色较浅。

　　蜜蜂群体中有蜂王、工蜂和雄蜂三种类型。蜜蜂白天采

蜜蜂采蜜

蜜、晚上酿蜜，完全以花为食，包括花粉及花蜜。蜜蜂是植物异花传粉的参与者，是农作物授粉的重要媒介，对植物的繁殖起着重要作用。

异花传粉

雌花和雄花经过风力、水力、昆虫或人的活动，把不同花的花粉通过不同途径传播到雌蕊的花柱上进行受精的一系列过程叫异花传粉。

工　蜂

工蜂是一种缺乏生殖能力的雌性蜜蜂，在蜂群的雌性蜜蜂中，仅有蜂后拥有生殖能力。工蜂采集花粉，吸吮花蜜，酿造蜂蜜，并且贮藏蜂粮。

蜂　王

蜂王也叫母蜂、蜂后，是蜜蜂群体中唯一能正常产卵的雌性蜂，通常每个蜂群只有一只。蜂王腹部较长，末端有螫针，腹下无蜡腺，翅仅覆盖腹部的一半，后足无花粉筐。

蜜蜂

节肢动物的复眼

苍蝇

　　复眼是相对于单眼而言的，是一种由不定数量的小眼组成的视觉器官，主要在昆虫及甲壳类等节肢动物的身上出现，同样结构的器官也有在双壳纲动物身上出现的。

　　每个小眼都有角膜、晶锥、色素细胞、视网膜细胞、视杆等结构，是一个独立的感光单位。复眼中的小眼面一般呈六角形，数目、大小和形状在各种昆虫中差别很大。一些节肢动物的复眼中含有色素细胞，光线强时色素细胞延伸，只有直射的光线可以射到视杆，为视神经所感受；斜射的光线被色素细胞吸收，不能被视神经所感受。光线弱时，色素细胞收缩，除直射的光线到达视杆，光线还可以通过折射进入其他小眼，使附近每个小眼内的视杆都能够感受到相邻几个小眼折射的光线。在这种光线微弱的情况下，物体也能在众多小眼中拼合成像。

随着现代战争的发展，自动目标识别技术已成为精确制导技术发展的方向，而该技术的发展则是起源于人类对生物视觉的模仿，即在对复眼的研究及讨论的基础上，提出了一些自动目标识别技术。

泥　蚶

泥蚶的贝壳为卵圆形，极坚厚，壳长4厘米左右，高3厘米左右，两壳膨胀，宽度略小于高度。壳内面为灰白色，边缘具有与壳面放射肋相应的深沟。

精确制导技术

精确制导技术是指按照一定规律控制武器的飞行方向、姿态、高度和速度，引导其在战斗中准确攻击目标的军用技术。按照不同控制导引方式可概括为自主式、寻的式、遥控式和复合式四种制导。

台湾黑燕蝶

台湾黑燕蝶翅表为单纯的深黑褐色，下翅具极短的尾突，主要栖息于锐叶掌上珠、鹅銮鼻灯笼草、台湾佛甲草上。台湾黑燕蝶喜欢吸食泽兰、咸丰草等多种植物的花蜜。

蜻蜓

外 骨 骼

　　一般情况下，把虾、蟹、昆虫等节肢动物体表坚韧的几丁质的骨骼称为外骨骼，有保护和支持作用。节肢动物的体表覆盖着坚硬的体壁，体壁由表皮细胞层、基膜和角质层3部分组成。表皮细胞层由一层活细胞组成，它向内分泌形成一层薄膜，叫做基膜，向外分泌形成厚的角质层。角质膜主要由几丁质和蛋白质组成，前者为含氮的多糖类化合物，是外骨骼的主要成分，而后者大部分为节肢蛋白。角质层除了具有防止体内水分蒸发和保护内部构造的作用外，还能与内壁所附着的肌肉共同完成各种运动，跟脊椎动物体内的骨骼有相似的作用，因此被叫做外骨骼。

　　外骨骼是一种对生物内部柔软器官提供构型、建筑和保护

节肢动物

70　　瓢虫

的坚硬的外部结构。虾是典型的外骨骼生物，昆虫也把外骨骼当作自己的盔甲。人们对外骨骼进行研究，并将其运用在了军事上。外骨骼将帮助战士更好地保护自己、携带更多的武器和装备进行战斗，并具有比正常人更强的体能。

紫陆寄居蟹

　　紫陆寄居蟹的身体呈紫蓝色，眼呈四角形。除体色外，和灰白陆寄居蟹十分相似。紫陆寄居蟹年幼时是奶白色的，但随着成长，紫色会渐渐增加，最后身体完全变成紫蓝色。

毛　　蚶

　　毛蚶的贝壳呈长卵圆形，质坚厚，两壳极膨胀。壳表面被有棕褐色绒毛状壳皮，外皮常易磨损脱落，使壳面常有白色。壳内面为白色或灰黄色，边缘具有与壳面放射肋相应的齿和沟。

短掌寄居蟹

　　短掌寄居蟹具有一支特大的紫色左螯肢，属于食腐动物。其分布区与一般寄居蟹差不多，都是分布在由印度洋绵延到南太平洋的广大区域。

虾

节肢动物的足

蚂蚁上树

  节肢动物的足按照其结构和功能可分为跳跃足、捕捉足、步行足、开掘足、携粉足、攀附足等，现主要介绍以下几种。

  跳跃足是指善于跳跃的足，是昆虫足的类型之一。跳跃足的腿节特别发达，胫节一般细长，当腿节肌肉收缩时，折在腿节下的胫节又突然伸开而使虫体向前上方快速运动，如蝗虫、跳甲、跳蚤的后足。

  开掘足是指适于掘土或钻穴的足，该类型足较宽扁，腿节或胫节上具齿，适于挖土及拉断植物的细根，如蝼蛄、金龟甲、蝉的若虫等土栖昆虫的前足。

  携粉足是指具有毛刷、适于携带花粉的足，如蜜蜂总科昆虫的后足。携粉足胫节基部较宽扁，边缘有长毛，形成花粉篮，跗节较大，分五节，第一节膨大且内侧具有数排横列的硬毛，可梳集黏着在体毛上的花粉。胫节与跗节相接处有一个缺口，称压粉器，此结构适于采集与携带花粉。工蜂采集花粉时，利用花粉刷将全身细毛上沾满的花粉粒刷下，混以唾液和采得的一部分花蜜，黏合成小团块，装入花粉篮中，随后带回巢内，再进行加工。

台湾大白裙弄蝶

台湾大白裙弄蝶为中型蝶种，翅表底色为黑褐色，后翅中央部位大区域均为白色。台湾大白裙弄蝶飞行迅速，主要分布于中国台湾中部以北中海拔山区，喜欢吸食贼仔树或食茱萸的花蜜。

海南捕鸟蛛

海南捕鸟蛛背甲较低，呈黑褐色，密布灰白色长毛和稀疏的浅黄色毛，边缘具密集的黄褐色硬长毛。海南捕鸟蛛性情凶猛，毒性较强，主要分布于中国广西、海南等地。

华西黄纹弄蝶

华西黄纹弄蝶为中型蝶种，翅表底色为深褐色，后翅表布满明显黄色斑纹。华西黄纹弄蝶飞行迅速，主要分布于中国台湾中高海拔山区，冬季以幼虫越冬。

蜘蛛

蝗虫

　　蝗虫俗称蚂蚱，是蝗科直翅目昆虫，主要分布于全世界的热带、温带的草地和沙漠地区。蝗虫的种类很多，为植食性动物，喜欢吃肥厚的叶子，如甘薯、空心菜、白菜等。蝗虫主要为害禾本科植物，是农业害虫。蝗虫全身通常为绿色、灰色、褐色或黑褐色，头大，触角短；口器十分坚硬；前翅狭窄而坚韧，后翅宽大而柔软，善于飞行；后肢腿节粗壮，善于跳跃，胫骨还有尖锐的锯刺，是有效的防卫武器；头部触角、触须、腹部的尾须以及腿上的感受器都可感受触觉；复眼主管视觉，单眼主管感光。在蝗虫腹部第1节的两侧，有一对半月形的薄膜，是蝗虫的听觉器官。蝗虫的天敌有鸟类、禽类、蛙类和蛇等。

　　蝗虫的生长发育过程比较复杂，需经历受精卵、若虫、成虫3个时期。刚由受精卵孵出的幼虫没有翅，能够跳跃，叫做跳蝻。虽然跳蝻的身体较小，但形态和生活习性与成虫相似。

蝗虫

蝗虫

蝗　　灾

　　蝗灾是指蝗虫引起的灾变。一旦发生蝗灾，大量的蝗虫会吞食禾田，使农产品完全遭到破坏，引发严重的经济损失，以致因粮食短缺而发生饥荒。

空　心　菜

　　空心菜又叫通心菜、无心菜、瓮菜、空筒菜、竹叶菜，开白色喇叭状花，其梗中心是空的，故称"空心菜"，在中国南方农村作为蔬菜被普遍栽培。

禾本科植物

　　禾本科植物包括多种俗称"某某草"的植物，但并不是所有的草都是禾本科植物。禾本科植物也不都是低矮的"草"，就如竹子，也可以高达十多米。

蝼 蛄

蚤蝼

　　蝼蛄俗称拉拉蛄、土狗，是大型的土栖动物，全世界已知约50种，在中国已知4种：华北蝼蛄、非洲蝼蛄、欧洲蝼蛄和台湾蝼蛄。蝼蛄在我国分布较广，主要分布于江苏、浙江、山东、河北、安徽、辽宁等地。蝼蛄身体狭长，头小且呈圆锥形，复眼小而突出，有单眼2个，有翅。蝼蛄的前胸背板呈椭圆形，背面隆起如盾，两侧向下伸展，几乎把前足基节包起。蝼蛄比较特殊的身体结构是前足，已特化为粗短结构，基节短宽，腿节略弯，呈片状，胫节很短且呈三角形，具强端刺，适于铲土。雌性蝼蛄的产卵器退化。

　　蝼蛄多在夜间活动，但气温适宜时，白天也可活动。蝼蛄具有趋光性，在夏秋两季的夜晚，可用灯光诱到大量蝼蛄。蝼蛄常栖息于平原、轻盐碱地以及沿河、临海、近湖等低湿地带，特别是沙壤土和多腐殖质的地区。蝼蛄生活在地下，食性

节肢动物

76

复杂，不但吃新播的种子，还咬食作物的根部，对作物幼苗的
伤害极大，是重要的地下害虫。蝼蛄善于游泳，潜行土中时常
形成隧道。

非洲蝼蛄

　　非洲蝼蛄成虫体长3厘米多，身体为灰褐色，腹部颜色较浅，全
身密布细毛。非洲蝼蛄头为圆锥形，触角呈丝状，前足为开掘足，善
于掘土。

华北蝼蛄

　　华北蝼蛄形似非洲蝼蛄，但身体为黄褐色至暗褐色，是一种杂
食性害虫，能为害多种园林植物的花卉、果木、林木和多种球根类植
物，主要咬食植物的地下部分。

轻盐碱地

　　盐碱地是盐类
集积的一个种类，
土壤里面所含的盐分
影响到作物的正常
生长，可以分为轻盐
碱地、中度盐碱地和
重盐碱地。轻盐碱地
是指植物的出苗率在
70%～80%之间，含
盐量在0.3%以下的土
壤。

蝼蛄和双齿蝼步甲

龙 虾

　　龙虾又名大虾、龙头虾、虾魁、海虾等，是十足目龙虾科的节肢动物。全世界共有龙虾400多种，品种繁多，主要分布于热带海域，是名贵的海产品。分布于中国的龙虾主要有中国龙虾、波纹龙虾、密毛龙虾、锦绣龙虾、日本龙虾、杂色龙虾、少刺龙虾、长足龙虾等。龙虾体长一般在20～40厘米之间，重0.5千克左右，是虾类中最大的一类；头胸部较粗大，头胸甲发达，坚厚多棘；体呈粗圆筒状，背腹稍平扁，腹部形长，有多对游泳足；有坚硬、分节的外骨骼；胸部具5对足，其中1对或多对常变形为螯；眼位于可活动的眼柄上；尾呈鳍状，用以游泳；尾部和腹部的弯曲活动可推动身体前进；外壳坚硬，色彩斑斓。

　　龙虾喜欢栖息于水草、树枝、石隙等隐蔽物中，昼伏夜出，不喜欢强光。白天多隐藏在水中较深处或隐蔽物中，太阳下山后开始活动，多聚集在浅水边爬行觅食或寻偶。龙虾是偏动物性的杂食性动

龙虾

物，成体主要以植物碎屑、动物尸体、水蚯蚓、摇蚊幼虫、水草、小型甲壳类和一些水生昆虫为食。

美洲螯龙虾

美洲螯龙虾俗称波士顿龙虾，体表光滑，触角较细，体色正常为橄榄绿或绿褐色，主要分布于大西洋的北美洲海岸。美洲螯龙虾具有重要的商业价值，是名贵的海鲜食物。

挪威龙虾

挪威龙虾又叫挪威海螯虾，为甲壳纲十足目动物，广布于大西洋东北部、从北非到挪威和冰岛的洋底。挪威龙虾为龙虾的一种，多用拖网捕捞。

椰 子 蟹

椰子蟹是一种寄居蟹，外壳坚硬，有两只强壮有力的巨螯。椰子蟹是爬树高手，尤其善于攀爬笔直的椰子树，因其可以用强壮的双螯剥开坚硬的椰子壳，吃其中的椰子果肉而得名。

龙虾

节肢动物的口器

蜻蜓

节肢动物门昆虫纲的动物食性非常广泛，口器变化也很多，主要分为咀嚼式口器、嚼吸式口器、刺吸式口器、舐吸式口器、虹吸式口器5种类型。

咀嚼式口器是最原始的口器类型，主要特点是具有发达而坚硬的上颚以嚼碎固体食物，如蟑螂、蝗虫的口器。

嚼吸式口器的构造较复杂，这种口器既适于咀嚼，又适于吮吸。除大颚可用作咀嚼或塑蜡外，中舌、小颚外叶和下唇须合并构成复杂的食物管，借以吸食花蜜，如蜜蜂。

刺吸式口器是取食植物汁液或动物血液的昆虫所具有的，既能刺入寄主体内，又能吸食寄主的体液，如蚊、虱、椿象等。

舐吸式口器的主要部分为头部和以下唇为主构成的吻，吻

端是伪气管组成的唇瓣，用以收集物体表面的液汁，如蝇。

虹吸式口器是以小颚的外叶左右合抱成长管状的食物道，盘卷在头部前下方，如钟表的发条一样，用时伸长，如蛾、蝶等。

大琉璃纹凤蝶

大琉璃纹凤蝶为大型蝶种，翅表底色为黑色，翅表布满金绿色鳞片。大琉璃纹凤蝶喜访花，雄蝶喜欢在溪边湿地吸水，有蜘蛛、螳螂、青蛙、蜻蜓、鸟类等捕食性天敌。

黄裙粉蝶

黄裙粉蝶为中型蝶种，寿命为 1~2 个月。雄蝶前翅外观为三角形，翅表底色为白色，前翅端及外缘沿翅脉有黑色纹分布；后翅呈卵圆形，外缘至肛角部位略呈方形。

姬黄纹弄蝶

姬黄纹弄蝶为中型蝶种，翅表底色为深褐色，翅基部位有淡色鳞毛分布，前翅端有数枚白斑排成一列，后翅表布满黄色的小斑，飞行迅速，喜欢吸食花蜜。

蝴蝶

螳　螂

螳螂

　　螳螂属于昆虫纲螳螂科，是一种中至大型昆虫。螳螂分布广泛，除极地外，世界各地均有分布，尤以热带地区种类最为丰富。在中国主要有南大刀螂、北大刀螂、广斧螂、中华大刀螂、欧洲螳螂、绿斑小螳螂等50多种螳螂。螳螂身体细长，多为绿色，也有褐色或具有花斑的种类。螳螂头呈三角形，颈能灵活转动，复眼大而明亮，有咀嚼式口器，上颚强劲。螳螂的前足腿节和胫节有利刺，胫节为镰刀状，常向腿节折叠，形成可以捕捉猎物的前足；中、后足适于步行。雌螳螂将卵产于卵鞘内，每个雌螳螂可产4～5个卵鞘，每个卵鞘内有卵20～40个，排成2～4列。雌螳螂的产卵方式十分特别，既不产在地下，也不产在植物茎中，而是将卵产在树枝表面。螳螂为肉食性动物，主要以各类昆虫和小动物为食。螳螂生性残暴好斗，食物不足的时候，时常发生大吞小、雌吃雄的现象。螳螂是农作物、果树和观赏植物上害虫的重要天敌。

卵　　鞘

卵鞘是由泡沫状的分泌物硬化而成，多黏附于树枝、树皮、墙壁等物体上。

螳螂

中华大刀螳

中华大刀螳在全国各地均有分布，体型很大，成虫体长通常为7～10厘米，有绿色、褐色两种色型。中华大刀螳的适应力很强，食物包括蜘蛛、蝎子、蛙、螳螂在内的所有昆虫。

薄翅螳螂

薄翅螳螂体长6厘米左右，全身呈淡绿色或淡褐色。薄翅螳螂前翅略带革质，后翅在腹端超过前翅，双翅如同薄纱般美丽，因此得名薄翅螳螂。

椿　象

　　椿象也叫蝽，是一类翅膀变化异常的昆虫的通称，是有名的臭气专家。椿象有3万多种，其中多数种类是害虫，小部分种类是益虫。椿象体长1.7～2.5厘米，体色为黑褐色，头部背侧后方具一对微小的橙黄色或橙褐色纵斑，触角最末一节末端2/3部分为橙黄色或橙褐色；身体扁平，口器呈喙状，适合刺吸；前翅的基部是革质，端部是膜质，后翅全部膜质或退化消失；后脚特别发达，尤其胫节基半段呈扁平的叶片状。因有些品种体后有一个臭腺开口，遇危险时便分泌臭液，借此自卫逃生，俗称放屁虫、臭大姐等。

　　椿象科有肉食性及植食性两类。肉食性椿象并没有固定的猎物，因此在植物丛间有机会见到。植食性椿象吃东西时，都是使用如吸管般尖尖的刺吸式口器，穿透植物表皮而吸取汁液。椿象卵呈圆筒状，上方有一盖状物，常排列整齐的产在叶子上。

椿象若虫

麻 皮 蝽

麻皮蝽是一种昆虫的名字，属于半翅目蝽科，分布于中国的内蒙古、辽宁、陕西、四川、云南、广东、海南等地。麻皮蝽主要刺吸枝干、茎、叶及果实汁液。

绿 蝽

绿蝽呈绿色，长盾形，天敌有平腹小蜂、螳螂和蜘蛛等。绿蝽食性较杂，主要刺吸茄子、番茄、四季豆、毛豆等蔬菜的汁液。

菜 蝽

菜蝽主要为害甘蓝、花椰菜、白菜、萝卜、油菜、芥菜等十字花科蔬菜。菜蝽以成虫、若虫刺吸植物汁液，尤喜刺吸嫩芽、嫩茎、嫩叶、花蕾和幼荚。其唾液对植物组织有破坏作用，影响植物的生长。

蜕皮激素

蝉蜕

蜕皮激素是由前胸腺分泌，其能够调节节肢动物昆虫纲、甲壳纲等动物蜕皮。昆虫和虾、蟹的身体外面被有坚硬的、非细胞性质的外骨骼，这层外骨骼可以保护柔软的内脏，维持身体形状，但妨碍身体自由地生长。所以，昆虫、虾、蟹等在一定时间内，要蜕去这层旧的外骨骼而形成一层新的外骨骼，重新鞣化、塑化成较坚硬的结构。这种蜕去旧的外骨骼，形成新的外骨骼的过程，叫做蜕皮。昆虫的蜕皮过程包括表皮细胞的活动，分泌新的外表皮，新的内表皮的形成，蜕皮液的产生，老的外表皮的消化，新老皮层溶解，分离老的表皮，蜕去新的表皮，内表皮的加厚等步骤。虾、蟹的幼体和成体都有蜕皮现象，大多数昆虫幼虫都有周期性蜕皮现象。蜕皮激素是以胆固醇作为骨架来合成的，但昆虫本身并不能合成胆固醇，而是直接地或间接地从植物中获取。不仅动物体内有蜕皮激素，植物中也有蜕皮激素，但它不同于动物来源的蜕皮激素。

嘉义小灰蝶

嘉义小灰蝶前翅外观大致呈三角形，后翅为水滴形。嘉义小灰蝶喜欢吸食多种植物的花蜜，捕食性天敌有蜘蛛、螳螂、青蛙、蜻蜓、鸟类、蜥蜴等。

蝗虫

大玉带黑荫蝶

大玉带黑荫蝶别名为大白条黑荫蝶、大白带黑阴蝶，主要活动于林缘树丛间或明亮开阔的林荫下，以树液、腐熟落果汁液等为食物，广泛分布于中国台湾各地。

大波纹蛇目蝶

大波纹蛇目蝶翅展为4～5厘米，翅膀表面为褐色，前翅翅端有1枚眼纹，后翅近外缘有3枚眼纹，为中国台湾特有种，普遍分布于低、中海拔山区，活动于林缘、草丛中，喜欢访花吸蜜。

保幼激素

蝴蝶

　　保幼激素又称为返幼激素，是一类保持昆虫幼虫性状和促进成虫卵巢发育的激素。保幼激素是由咽侧体所分泌的一种激素。在幼虫期，保幼激素能抑制成虫特征的出现，使幼虫蜕皮后仍保持幼虫状态；在成虫期，保幼激素有控制性发育、产生性引诱、促进卵子成熟等作用。在昆虫体内，脑激素、保幼激素、蜕皮激素组成了一个激素调节系统，其中脑激素起主导作用，接受内外环境中的刺激并分泌适量的脑激素，能促进前胸腺活动分泌蜕皮激素。脑激素又能促进咽侧体活动分泌保幼激素，在蜕皮激素和保幼激素的共同作用下，昆虫得以正常蜕皮。人们经过研究已阐明保幼激素的化学结构式，并已合成了保幼激素及其类似物。如果将合成的保幼激素注入摘除咽侧体的昆虫体内，能使昆虫恢复卵巢发育或抑制幼虫变态，充分表现出咽侧体激素的功能。还有一些保幼激素的类似物能由体表渗入体内，同样发挥保幼激素的生理作用。

台湾银背小灰蝶

台湾银背小灰蝶为中小型蝶种，前、后翅表底色为深茶褐色，因后翅腹面为亮丽白色，故而得名。台湾银背小灰蝶飞行迅速，喜欢活动于开阔、明亮的林缘，冬季以成虫越冬。

褐翅绿弄蝶

褐翅绿弄蝶为中型蝶种，翅表底色为稍带金属光泽的褐绿色，翅基部位色泽稍淡。褐翅绿弄蝶飞行迅速，喜欢吸食多种小型野花的花蜜。

台湾麝香凤蝶

台湾麝香凤蝶为中国台湾特有种，翅膀黑色，下翅周围具有7枚淡粉红色块状斑纹，并且有长尾状突起。台湾麝香凤蝶喜欢访花，飞翔缓慢。

七星瓢虫

变态发育

　　变态发育是指动物在胚后发育过程中，形态结构和生活习性上所出现的一系列显著变化。变态发育是昆虫的生长发育方式，根据发育过程中是否有蛹期，可以把绝大多数昆虫分为完全变态与不完全变态两大类。完全变态昆虫是指发育过程中要经历受精卵、幼虫、蛹、成虫4个阶段，幼虫的形态结构和生理功能与成虫的显著不同，如跳蚤、蚊、蝇、菜粉蝶、蚂蚁、蜜蜂、苍蝇等。不完全变态昆虫的一生需经历卵、若虫和成虫3个阶段，幼虫在外观上与成虫差别一般不大，通常只是体型稍小，没有翅，如蝗虫、蟋蟀、螳螂、蜻蜓、蝉、蟑螂、蚜虫、虱子等。不完全变态昆虫的幼虫生活在陆地上的称为若虫，生活在水中的称为稚虫。

　　完全变态昆虫的幼虫蜕皮的次数也不一样，蝇蛆只蜕皮两

节肢动物

90　　蝉蜕

次，蚊子需蜕皮3次，而黏虫要蜕皮5次才成为成熟的幼虫。一般情况下，把初孵的幼虫称为第1龄幼虫，蜕去第1次皮后称为第2龄幼虫，蜕去第2次皮后称为第3龄幼虫。由于昆虫种类的不同和气温的高低，每一龄期经过的时间也有所不同。

黏　　虫

黏虫是一种昆虫的名字，为鳞翅目夜蛾科，成虫头部与胸部为灰褐色，腹部为暗褐色，前翅为灰黄褐色、黄色或橙色。因其具有群聚性、迁飞性、杂食性、暴食性，成为全国性重要农业害虫。

菜　粉　蝶

菜粉蝶又称菜青虫，属鳞翅目粉蝶科，主要为害十字花科蔬菜，尤以芥蓝、甘蓝、花椰菜等受害比较严重。菜粉蝶分布于全国各地，药材中以板蓝根受害严重。

亚马逊巨人食鸟蛛

亚马逊巨人食鸟蛛又名哥利亚巨人食鸟蛛，可轻易捕食和吞咽鸟类、老鼠等小型动物，但其最喜欢的食物还是一些小昆虫，如蟋蟀、甲壳虫等。亚马逊巨人食鸟蛛的天敌是一种大如麻雀的超级大黄蜂。

中华稻蝗若虫

黄 粉 虫

黄粉虫

　　黄粉虫俗称面包虫，蛋白质含量高达50％以上，还含有磷、钾、铁、钠、铝等常量元素和多种微量元素，是人工养殖最理想的昆虫。黄粉虫的生长发育要经过卵、幼虫、蛹、成虫4个阶段。黄粉虫的卵为乳白色，很小，呈椭圆形。卵分为卵壳、卵核、卵黄和原生质。卵壳起着保护作用，卵液为白色乳状黏液。黄粉虫的幼虫呈黄色，有光泽。黄粉虫有13节，各节连接处有黄褐色环纹，腹面为淡黄色，故而得名"黄粉虫"。幼虫长到50天后，长约3厘米，开始化蛹。蛹的头部较大，尾较小，两足（薄翅）向下紧贴胸部。蛹的两侧呈锯齿状，有棱角。蛹最初为白色半透明状，身体较软，渐渐变为褐色后变硬。蛹在25℃以上经过一星期后蜕皮为成虫。成虫分为头、胸、腹3个部分。黄粉虫的幼虫营养价值很高，也容易饲养，常用来作为鸟、蝎子、鱼、蛙、蛇等珍贵禽畜动物的饲料。在黄

粉虫里提取的SOD可以用来抗衰老、防皱、美容、养颜，效果
良好，市场前景广阔。

黄粉虫的生活习性

　　黄粉虫生性好动，昼夜都有活动现象，无越冬现象，冬季仍能
正常发育。黄粉虫喜群居，在13℃以上开始取食活动。

微量元素

　　微量元素是相对主量元素（大量元素）来划分的，根据寄存对
象的不同可以分为多种类型。目前较受关注的主要有两类，一种是生
物体中的微量元素，另一种是非生物体（如岩石中）中的微量元素。

SOD

　　SOD是超氧化物歧化酶的英文简称，是一种源于生命体的活性
物质，能消除生物体在新陈代谢过程中产生的有害物质。

黄粉虫幼虫

拟　态

　　一种生物模拟另一种生物，或模拟环境中的其他物体，从而获得好处的现象叫拟态，或称生物学拟态。拟态是动物在自然界长期演化中形成的特殊行为。尺蠖蛾的外部形态和色彩都十分像小树枝，可以躲避捕食者，从而避害求存，它的这种拟态方式我们称为隐蔽拟态或模仿。

　　拟态的种类有很多，我们常见的有贝氏拟态、穆氏拟态和进攻性拟态。贝氏拟态是指可食性物种模拟有毒、有刺或味道不佳的不可食物种的拟态现象。一个物种拟态模仿另一个成功的物种，显得有毒或者是无实用价值，以达到自保的目的，如尺蠖的颜色和形态与树枝或茎相仿，藉以躲避猎食。穆氏拟态是指一个物种以鲜艳的体色等手段警告捕猎者其毒性或不可食

　尺蠖

用性，但警告的效果还是要等捕猎者得到教训才开始，如捕猎者从一次失败的捕猎中很快认识到猎物有毒。进攻性拟态是指模仿其他生物以便于接近进攻对象的拟态，拟态的物种装成无害的物种去吸引猎物，如瓶子草、猪笼草均模拟花朵以诱捕采蜜的昆虫。

隐蔽拟态

隐蔽拟态也称为模仿，是指动物的形态、色彩或者行为，为了不引起其他动物特别是主要的捕食者的注意，模仿其他动植物体或是非生物体的状态，是动物拟态的一种。

隐蔽拟态的种类

蚂蚁巢中有一些寄生的昆虫，其大小、形状与蚂蚁相似，此为隐蔽的动物拟态；尺蠖蛾的幼虫和竹节虫与植物小枝相似，这称为隐蔽的植物拟态；凤蝶的幼虫外形很像鸟粪，则称为隐蔽的异物拟态。

拟态的"成员"

拟态的"成员"包括模仿者、被模仿者和受骗者，这个"受骗者"可以是捕食者或猎物，甚至是同一物种的异性。在宿主拟态现象中，受骗者和被模仿者为同一物种。

尺蠖

蜈　蚣

蜈蚣

　　蜈蚣是肉食性的陆生节肢动物，属节肢动物门多足纲，为多足动物。蜈蚣身体由许多体节组成，呈扁平长条形；头部两节为暗红色，有触角、毒钩各1对，钩端有毒腺口，一般称为腭牙、牙爪或毒肢等，能排出毒汁；背部为棕绿色或墨绿色，有光泽，并有纵棱两条；腹部为淡黄色或棕黄色；自第2节起每体节有黄色或红褐色脚1对，生于两侧，呈钩形。蜈蚣位居五毒之首，在中国主要分布于江苏、浙江、安徽、河南、湖北、湖南、广东、广西、陕西、四川等地。

　　蜈蚣喜欢栖息于潮湿、阴暗的地方，多为腐木石隙和荒芜阴湿的茅草地。蜈蚣生性畏惧日光，喜欢昼伏夜出，白天它们多潜伏在砖石缝隙、墙脚边和成堆的树叶、杂草、腐木的阴暗角落里，晚上出来活动。蜈蚣生性凶猛，食物范围广泛，主要

以蚯蚓、蟋蟀、蝗虫、金龟子、蝉、蚱蜢等动物为食。在早春
食物缺乏时，也吃少量青草及苔藓的嫩芽。

五　　毒

　　五毒是指蝎子、蛇、壁虎、蜈蚣、蟾蜍，五种毒物是民间盛传
的一些害虫，民谣说："端午节，天气热，'五毒'醒，不安宁。"
端午节驱五毒用意是提醒人们要防害防病。

蜈蚣的药用价值

　　蜈蚣为常用药材，
性温、味辛、有毒，具
有息风镇痉、攻毒散
结、通络止痛之功效。
多用于小儿惊风、抽搐
痉挛、半身不遂、破伤
风症、风湿顽痹、疮
疡、毒蛇咬伤等。

苔　　藓

　　苔藓是一种小型植
物，结构简单，无花、
无种子，以孢子繁殖。
苔藓喜欢阴暗潮湿的环
境，一般生长在裸露的
石壁上。

蜈蚣标本

节肢动物的翅

蝴蝶

　　节肢动物中尤以昆虫的翅最具有代表性，翅是胸节的侧背板延伸所形成的膜状物。昆虫的中胸和后胸各有一对飞行器官，生于中胸的称为前翅，生于后胸的称为后翅。半翅目昆虫的前翅前半部硬角质化，而后半部与后翅为膜质，这种前翅称为半鞘翅，如椿象。还有些昆虫的前翅为革质，多不透明或半透明，主要起保护后翅的作用，如蝗虫、叶蝉类的前翅，我们称其为覆翅。从翅的基部通向尖端而逐渐硬化的大小管状隆起称为翅脉。翅脉的排列方式叫做脉序，脉序可因昆虫的类群不同而有所不同。越是原始的脉序，横脉就越多且复杂。

　　翅的振动次数因昆虫种类的不同而不同，一般低等昆虫的振动次数较少。而且，前翅与后翅的振动次数也往往是不同的，前翅的振动次数一般较少，如鞘翅目几乎是不振动的。翅的运动也较为复杂，在改变方向时，有些昆虫需借助腹部的运动，如蝶类。

越南捕鸟蛛

越南捕鸟蛛是大型的穴栖蜘蛛，原分布于越南、缅甸等东南亚雨林区，中国的广西、云贵地区也有分布。越南捕鸟蛛性情凶猛，主要以各种活体小动物为食，如土鳖虫、蟋蟀、蚂蚱等。

江崎乌小灰蝶

江崎乌小灰蝶为小型蝶种，前翅呈三角形，后翅为水滴形，雄蝶前、后翅表底色为褐色，无其他明显花纹，翅腹底色为灰白色。

食 鸟 蛛

食鸟蛛像拳头般大小，十分凶悍，因捕食鸟类而得名。食鸟蛛喜独处，多在夜间活动，白天隐藏在网附近的巢穴或树根间，若有猎物落网，就迅速爬过来抓住猎物并分泌毒液将猎物毒死。

蜻蜓

蜻 蜓

蜻蜓

　　蜻蜓是昆虫纲蜻蜓目所有昆虫的通称，也是世界上眼睛最多的昆虫。蜻蜓一般体型较大，翅膜质，长而窄，网状翅脉十分清晰。蜻蜓的眼睛占据头的绝大部分，每只眼睛都有数不清的"小眼"，且都与感光细胞和神经相连，能够辨别物体的形状和大小。蜻蜓的视力极好，能向上、向下、向前、向后看且不必转头。蜻蜓有触角1对，细而短，不明显。蜻蜓为咀嚼式口器，足细而弱，上有钩刺，可帮助其在飞行中捕食飞虫。除能大量捕食蚊、蝇外，有的蜻蜓还能捕食蝶、蛾、蜂等害虫。蜻蜓腹部细长，呈扁形或圆筒形，末端有肛附器。

　　蜻蜓的幼虫称为稚虫，完全水生，形态、习性与成虫完全不同。稚虫在水中可以捕食孑孓或其他小型动物，有时也同类相残。成虫蜻蜓一般在池塘或河边飞行，稚虫在水中发育，发育过程中需要蜕皮8～15次。蜕皮次数在种内与种间均有所不同，无蛹期。稚虫到最后一龄时，体内已形成成虫的器官。

蜻蜓点水

蜻蜓的卵是在水里孵化的，幼虫也在水里生活，所以蜻蜓点水实际上是在产卵。雌蜻蜓在飞翔时用尾部碰水面，把卵产到水里面，即为人们常见的"蜻蜓点水"。

孑　孓

孑孓是蚊子的幼虫，由卵孵化而成。孑孓身体细长，胸部较头部及腹部宽大，身体呈深褐色，在水中上下垂直游动，游泳时身体一屈一伸。孑孓主要以水中的细菌和单细胞藻类为食。

猩红蜻蜓

猩红蜻蜓全身几乎为鲜红色，腹部背面有一微细的黑色线条，翅膀透明，基部带有些许橙色，是台湾最常见的蜻蜓之一。猩红蜻蜓常栖息于池塘、水田、沼泽等静水域。

红蜻蜓　　101

蝉

　　蝉又叫知了，是一种较大的吸食植物的昆虫，体长4～5厘米。蝉有着像针一样中空的嘴，可以刺入树体，吸食树液。蝉有两对膜翅，复眼突出，单眼3个。在日常生活中，我们在炎热的夏日听到的蝉鸣都是由雄蝉发出的，雌蝉的发声器官因发育不完全而不能发出声音。雄蝉可发出3种不同的鸣声：集合声，受每日天气变动和其他雄蝉鸣声影响；交配前的求偶声；被捉住或受惊飞走时的鸣声。

　　蝉将卵产在木质组织内，若虫一孵出即钻入地下，栖息于土中，吸食多年生植物根中的汁液，对树木有害。一般经5次蜕皮，需几年才能成熟。雌虫数量多时，产卵行为会损坏树苗。蝉的蛹在地下度过它一生的头两三年，或许更长一段时间。当

蝉蛹的背上出现一条黑色的裂缝时，蜕皮的过程就开始了。蜕皮是由蜕皮激素控制的，蝉蛹的前腿呈钩状，当成虫从空壳中出来时，可以牢牢地挂在树上。为了成虫两翅的正常发育，蝉蛹垂直面对树身，以外壳作为基础，慢慢地自行解脱，整个过程需要一个小时左右。蝉蜕下的壳可以作为药材。

斑　蝉

　　斑蝉为蝉科斑蝉属动物，头顶复眼内侧有一对斑纹，中胸背板有4个斑纹。前后翅端部的斑点为灰白色，界限不明显。前翅上的斑纹多呈长条状，腹部腹板无黄色斑。

红 眼 蝉

　　红眼蝉是北美地区的"特产"，飞行速度较慢，也不爱飞，单独行动时极易成为其他动物捕猎的对象。

薄 翅 蝉

　　薄翅蝉体长约2厘米，头部略呈三角形，两眼间有3颗红色宝石般的单眼，头部前缘有一条明显的黑色边线。薄翅蝉生活在低海拔树林旁草丛或灌丛间，夜间具有趋光性。

斑衣蜡蝉

七星瓢虫

七星瓢虫

　　七星瓢虫体长为6～8毫米，呈半球形，背面光滑无毛；翅鞘呈红色，左右两侧各有3个黑点，接合处前方尚有一个更大的黑点；头黑色，额与复眼相连的边缘上各有一个淡黄色斑；触角栗褐色，稍长于额宽，锤节紧密，侧缘平直，末端平截；足黑色，胫节有两个刺距，爪有基齿；腹面黑色，但中胸后侧片为白色；第6腹节后缘凸出，表面平整。七星瓢虫有越冬习性，冬天到了，它们躲在小麦和油菜的根茎间，也有的在向阳的土块、土缝中过冬。等到气温回升，达到10℃以上时，越冬的七星瓢虫就苏醒过来，开始活动。七星瓢虫常捕食麦蚜、棉蚜、槐蚜、桃蚜、介壳虫、壁虱等害虫，可使树木、瓜果及各种农作物减少害虫的危害，因此七星瓢虫被人们称为"活农药"。七星瓢虫有着较强的自卫能力，当遇到敌害侵袭时，它的脚关节能分泌出一种极难闻的黄色液体，使敌人仓皇退却或逃走。有时它们还会躺下装死，以瞒过敌人而求生。

花 生 蚜

花生蚜属于蚜科，食性甚广，主要以虫群形态集中在花生嫩叶、嫩芽、花柄上吸汁，致叶片变黄卷缩，使其生长缓慢或停止生长，造成花生减产。

桃　　蚜

桃蚜又叫腻虫、烟蚜、桃赤蚜，是广食性害虫。寄主植物主要有梨树、桃树、李树、樱桃树等蔷薇科果树，白菜、甘蓝、萝卜、芥菜、芸苔、芜菁、甜椒、辣椒、菠菜等多种作物。

二星瓢虫

二星瓢虫体长为4～5毫米，头部黑色，复眼黑色，触角黄褐色，每一鞘翅中央各有一个黑色斑。二星瓢虫以成虫的状态在向阳的墙缝、屋角、房檐等处越冬。

七星瓢虫

金 龟 子

金龟子

　　金龟子属昆虫纲鞘翅目，俗称栗子虫、黄虫，是一种杂食性害虫，全世界有26 000余种。金龟子除为害葡萄树、苹果树、梨树、桃树、李树等外，还为害樟树、柳树、桑树等林木，花生、甜菜、小麦、大豆等作物。常见的金龟子种类有茶色金龟子、暗黑金龟子、铜绿金龟子、朝鲜黑金龟子等。金龟子成虫虫体多呈卵圆形或椭圆形，触角呈鳃叶状，锤节部分常呈多分叉状；外壳坚硬且表面光滑，多有金属光泽；前翅较坚硬，后翅膜质。金龟子有趋光性，多在夜间活动。金龟子在夏季交配产卵，卵多产在树根旁的土壤中。金龟子的幼虫一般称为"蛴螬"，乳白色，身体弯曲呈马蹄形，背上多横皱纹，尾部有刺毛，生活于土中。不同种类的金龟子食性也有所不同，

有的以植物根、茎、叶为食，有的以腐败的有机物为食，也有
的以粪便为食。金龟子的生长发育为完全变态发育，需经过
卵、幼虫、蛹和成虫4个时期。

独　角　仙

独角仙是一种小型昆虫，却能够搬动相当于自己体重850倍的物
体。独角仙的幼虫以朽木、腐烂植物质为食，多栖居于树木的朽心、
锯末木屑堆、肥料堆和垃圾堆中。

铜绿金龟子

铜绿金龟子体长2厘米左右，宽1厘米左右，体背为铜绿色，有
光泽。铜绿金龟子广泛分布于我国的华东、华中、西南、东北、西北

金龟子

等地区。铜绿金龟
子幼虫为害植物根系，
成虫群集为害植物叶
片。

朝鲜黑金龟子

朝鲜黑金龟子
体长16～21毫米，宽
8～11毫米，身体为长
椭圆形，黑褐色，有
光泽。朝鲜黑金龟子
的前胸背板有刻点，
鞘翅上有数条隆起的
暗纹。

节肢动物所带病原的传播方式

　　节肢动物中的某些种类可以携带病原体传播疾病，它们不但能在人与人之间传播，也能在动物与动物之间以及动物与人之间传播。节肢动物对人体健康最大的危害是传播疾病，传播方式主要分为机械性传播和生物性传播两类。

　　机械性传播是指节肢动物对病原体的传播只起携带、输送的作用。病原体可以附着在某些节肢动物的体表、口器上或者通过消化道散播，借机转到另一个宿主体内或体外，形态和数量均不发生变化，仍保持感染力，如蝇传播痢疾、伤寒、霍乱等疾病。

　　生物性传播是指病原体在某些节肢动物体内经历了发育或增殖，才能传播到新的宿主，只有某些种类的节肢动物才适合于某些种类病原体的发育或增殖。如某些原虫和蠕虫，在节肢

　　苍蝇

动物体内的发育构成了生活史中必需的一个阶段，等到病原体发育至感染期或增殖至一定数量之后，才能传播。如登革热病毒只在某些蚊种体内才能大量增殖并传播，班氏微丝蚴只在某些蚊种体内才能发育至感染期成为丝状蚴。

痢　　疾

痢疾为急性肠道传染病之一，临床以发热、腹痛、里急后重、大便脓血为主要症状，此病多发生于夏秋季节。

永泽黄斑荫蝶

永泽黄斑荫蝶为中大型蝶种，翅表为单纯褐色，具不明显深色小斑点，雄蝶常占据枝头并驱赶其他飞过的蝶类，惟蝶则喜欢在林荫下活动。永泽黄斑荫蝶喜欢吸食树汁、腐果的汁液。

登革热病毒

登革热病毒是小型黄病毒，能引起登革热急性传染病，通常由在白天叮咬人的埃及伊蚊和白纹伊蚊进行传播，能够引起一系列临床症状。

食蚜蝇

苍　蝇

　　苍蝇属于典型的完全变态昆虫，一生要经过卵、幼虫（蛆）、蛹、成虫4个时期，各个时期的形态完全不同。苍蝇的主要蝇种有家蝇、市蝇、丝光绿蝇、大头金蝇等。苍蝇具有舐吮式口器，形形色色的腐败发酵有机物，都是它的美味佳肴。苍蝇会污染食物、传播痢疾等疾病，因此常见于卫生较差的环境之中。

　　苍蝇的幼虫俗称蝇蛆，生活特性是喜欢钻孔，畏惧强光，终日隐居于滋生物的避光黑暗处。幼虫期是苍蝇一生中的关键时期，其生长发育的好坏，直接关系到种蝇的个体大小和繁殖效率。在生态系统中，蝇蛆扮演动植物分解者的重要角色。临床医学上，活蝇蛆还可接种于伤口之中，起杀菌清创、促进愈合的作用。富含蛋白质的蝇蛆是重要的饵料、饲料，可工厂化生产。苍蝇有着惊人的繁殖力，具有一次交配可终身产卵的生理特点。一只雌蝇一生可产卵5～6次，每次可产卵100～150粒，最多可达300粒，一年内可繁殖10～12代。

苍蝇

苍蝇

生态系统

生态系统是指由生物群落与无机环境构成的统一整体。生态系统的范围可大可小，相互交错，最大的生态系统是生物圈。

丝光绿蝇

丝光绿蝇即是臭名昭著的"绿豆蝇"，是一种丽蝇科昆虫，体长5～10毫米，具金绿色的金属光泽，触角黑褐色。丝光绿蝇可传播肠道传染病，同时也是引起伤口组织性蝇蛆病的主要蝇种之一。

大头金蝇

大头金蝇幼虫具有粪食性，主要在人粪（尤其是稀粪）内滋生，也在畜骨、畜毛上繁殖。大头金蝇成虫为秋季室外的主要蝇种，对水果有特殊的趋向性。

蚊　子

摇蚊

　　蚊子属昆虫纲，是蚊媒疾病的重要媒介。蚊子是多细胞生物，身体分为头、胸、腹3个部分，身体和脚细长。蚊子的口器为刺吸式，特化而成的细长的喙适合刺吸血液。蚊子的体表覆盖有形状及颜色不同的鳞片，使它的身体呈现不同的颜色。并不是所有的蚊子都吸血，雄蚊是"吃素"的，专以果子、茎、叶里的液汁以及植物的花蜜为食，是不吸血的。雌蚊只有吸血才能使其卵巢发育，繁衍后代，但温度、湿度、光照等多种因素可影响蚊的吸血活动。

　　全世界约有3300种蚊子，总的可划分为三大类：一是库蚊，成虫翅较大，多无斑，身体呈棕黄色，身体在停留的时候，往往与停留面保持平行状态，多在夜间活动；二是按蚊，成虫翅大且多数有斑，身体呈灰色，身体在停留的时候，与停留面保持一定的角度，多在夜间活动；三是伊蚊，成虫的翅没有斑，身体多为黑色带有白斑，喜欢在白天活动，因此我们常在室内见有这类蚊子来袭扰。

白纹伊蚊

白纹伊蚊俗称花斑蚊，在国外被称为亚洲虎蚊，身体呈黑色或深褐色，带有白斑或银白斑。白纹伊蚊不仅凶恶，而且善飞，喜欢在小面积的积水上产卵。

三带喙库蚊

三带喙库蚊是库蚊的一种，猪、牛是其主要吸血对象，也兼食人血，常常在黄昏后两小时左右和黎明前在室外袭击人、吸人血。三带喙库蚊是脑炎流行地区的主要媒介。

中华按蚊

中华按蚊是中国记述最早和研究最广的蚊虫，是中国广大平原地区传播疟疾的重要媒介，也是马来丝虫病的重要媒介之一。中华按蚊的主要滋生场所是稻田。

纺 织 娘

纺织娘

　　纺织娘是纺织娘科纺织娘属的一种中型螽斯，是重要的鸣虫之一。纺织娘体长5～7厘米，体色有绿色和褐色两种，体形很像一个侧扁的豆荚。纺织娘头较小，前胸背侧片基部多为黑色，前翅发达，翅长一般为腹部长度的两倍，常有纵列黑色圆斑。雌性纺织娘的产卵器上弯，呈马刀状。纺织娘触须细长如丝状，后腿长而大，健壮有力，其弹力很强，可将身体弹起，向远处跳跃。雄性纺织娘的前腿摩擦能发出"沙沙"或"轧织"的声音，很像古时候织布机织布的声音，故而得名"纺织娘"。

　　纺织娘分布广泛，在中国主要分布于东南部沿海各省，如浙江、江苏、山东、福建、广东、广西等省。纺织娘不喜欢强烈的光线，不适应过分炎热的环境，喜欢栖息在凉爽阴暗的环境中。纺织娘为植食性动物，喜食南瓜、丝瓜的花瓣，也吃桑叶、柿树叶、核桃树叶、杨树叶等，对农业有一定的危害性，属于害虫。

螽　斯

螽斯有时也被称为蝈蝈，是鸣虫中体型较大的一种，体长在4厘米左右，身体草绿色，覆翅膜质。雄虫前翅具发音器，后足腿节十分发达。

绿努蜂

绿努蜂为蜜蜂的一种，工蜂体色较深，多为暗黑色，又被称为黑色蜜蜂。绿努蜂生活在海拔1700米以上的山区，穴居，在树洞里营造复脾蜂巢，可驯养为饲养蜂种。

马　刀

马刀属于宽背薄刃，刀身比较沉重，利于增大砍劈的力度。蒙古马刀线条流畅，刀柄一般都略向刀刃方向弯曲，这样带弧度的刀柄更利于骑手掌控。

螽斯的若虫

昆虫的多型现象

　　昆虫的多型现象是指同一种昆虫在形态构造和生活机能上表现为3种或更多种不同个体的现象。多型现象不受性别的影响，在有机个体或同一物种的有机体中出现不同形态、阶段或类型。多型现象在"社会性"昆虫中更为典型，这是由外激素控制的。在我们的生活中，存在多型现象的昆虫有很多，营群体生活的蜜蜂中有雌蜂、雄蜂，雌性个体中有蜂王和失去生殖能力而担负采蜜、筑巢等职责的工蜂；蚜虫有有翅和无翅、孤雌胎生和有性卵生等类型；蚂蚁的类型更多，甚至可分化出二十多种类型，主要有有翅和无翅的蚁后，有翅和无翅的雄蚁，还有工蚁、兵蚁等。

　　多型现象分为遗传性多型现象和非遗传性多型现象。遗传性多型现象是指由遗传基因控制种群的分化，而非遗传性多型现象是相同基因通过外在因素诱导所产生的差异。近年来，在多型现象的基础上，人们也越来越关注产生多型现象的原因。

莴苣指管蚜

孤雌胎生生殖

蚜虫的卵未经受精而在母体内发育成熟后产生的胎生方式就叫孤雌胎生生殖。孤雌胎生生殖是单性生殖，同时又是胎生的一种生殖方式。

猎　　蚁

猎蚁也被称为军团蚁，喜欢组成数量在百万以上的大军过游猎生活，所到之处不管遇到的是飞禽还是走兽，包括老鹰、毒蜘蛛、野猪、豹子、巨蛇，大小通吃，摧毁沿途一切它们所遇到的动物。

黑大蜜蜂

黑大蜜蜂是蜜蜂属中体黑且大的一种，蜂巢通常为单一巢脾，由于主产区在喜马拉雅周围的雪山下，岩栖，故又被称为喜马拉雅蜜蜂、雪山蜜蜂及岩蜂等。

麦长管蚜虫　117

蚂　　蚁

　　蚂蚁是膜翅目蚁科的节肢动物，是一种有社会性生活习性的昆虫，也是人们常见的一类昆虫。蚂蚁能生活在任何有它们生存条件的地方，是世界上抗击自然灾害能力最强的生物。目前，在我国居室内常见的蚂蚁主要有小黄家蚁、大头蚁、洛氏路舍蚁三种。

　　蚂蚁一般身体较小，颜色有黑、黄、红、白等；体壁具有弹性，光滑或有毛；一般都没有翅膀，只有雄蚁和没有生育的雌蚁在交配时有翅膀，雌蚁交配后翅膀即脱落；具有咀嚼式口器，上颚发达；触角呈膝状弯曲，共4～13节，柄节很长，末端2～3节膨大；腹部第1节或1、2节呈结状。蚂蚁为完全变态昆虫，个体发育分为卵、幼虫、蛹、成虫4个阶段。

蚂蚁为典型的社会性昆虫，具有社会性昆虫的三大要素，即同种个体间能够相互合作照顾幼体；具有明确的劳动分工，分为蚁后、雄蚁、兵蚁、工蚁4种类型；在蚁群内至少有两个世代重叠，且子代能在一段时间内照顾上一代。

小黄家蚁

小黄家蚁是蚂蚁的一种，为膜翅目蚁科，常在厨房、封闭阳台的杂物堆底下和墙壁缝隙等处筑巢栖息，危害较广。小黄家蚁食性很杂，人们吃的糖、蛋糕、肉等都是它们的美味。

大 头 蚁

大头蚁为膜翅目蚁科动物，主要分布在广东、广西、福建等地。大头蚁主要以蚜虫、介壳虫制造的蜜露为食，所以保护了菠萝、咖啡、柑橘和其他水果树上的大量害虫，间接危害了农作物。

红 火 蚁

红火蚁是一种营社会性生活的昆虫，蚁群包括负责做工的工蚁、负责保卫和作战的兵蚁和负责繁殖后代的生殖蚁。红火蚁食性杂，觅食能力强，常捕杀昆虫、蚯蚓、青蛙、蜥蜴和鸟类，也采集植物种子。

黑蚂蚁

蚂蚁的分工

蚂蚁和蜜蜂

　　蚂蚁的个体发育为完全变态发育，并且过着社会性群体生活。一般在一个蚁群中，有4种不同的蚁型，分别为蚁后、雄蚁、兵蚁、工蚁，它们有着不同的劳动分工。

　　蚁后又称为蚁王、母蚁，是有生殖能力的雌性，也是群体中体型最大的个体。蚁后腹部较大，生殖器官发达，触角短，胸足较小，有翅、脱翅或无翅。蚁后主要负责产卵、繁殖后代和统管蚁群。

　　雄蚁又称为父蚁，头圆且小，上颚不发达，触角细长，有发达的生殖器官和外生殖器。雄蚁的主要职责是与蚁后交配。

　　兵蚁是没有生殖能力的雌蚁，头大，上颚发达，可以粉碎坚硬食物，主要职责是保卫群体。

　　工蚁又称职蚁，是不发育的雌蚁，无翅，一般为群体中最小的个体，但数量也最多。工蚁复眼小，上颚、触角和3对胸足都很发达，善于奔走。工蚁主要负责建造和扩大巢穴，采集食物，饲喂幼虫和蚁后。

法 老 蚁

法老蚁是世界上最难对付和最难消灭的家庭害虫之一，不仅偷吃食物，还把食品弄脏，并传播诱发多种疾病的细菌和病毒，严重危害人类健康，因此人们还将其叫做"杀人蚁""城市杀手"。

大齿猛蚁

大齿猛蚁又被称为"诱捕蚁"，它的上下颚是自然界闭合速度最快的食肉性动物之一。大齿猛蚁的猎物通常是小昆虫，如幼小的蟋蟀等。

行 军 蚁

行军蚁生活在亚马孙河流域，喜欢群体生活，一般一个群体就有一二百万只，它们属于迁移类的蚂蚁，没有固定的住所，习惯在行动中发现猎物。

蚂蚁